长江流域水库群科学调度丛书

长江中下游干流
河槽发育与岸坡稳定

朱勇辉　任　实　李凌云　王　敏　陈新国 等　著

科学出版社
北京

内 容 简 介

长江中下游沿江地区在我国经济社会发展中占有极其重要的地位。长江大保护和长江经济带高质量发展对长江中下游防洪安全、岸线稳定、航道畅通等提出了更高的要求。长江中下游河道流经广阔的冲积平原，冲淤变化频繁而剧烈。近年来，在自然条件和强人类活动的双重影响下，长江中下游河道水沙条件发生较大改变，河床发生长距离、长时期、高强度的冲刷。本书系统介绍新水沙条件下长江中下游干流河槽发育与岸坡稳定的特点与变化趋势，研究成果可为三峡水库科学调度及长江中下游河道治理与保护提供技术支撑。

本书可供从事河流泥沙运动、河道演变、水库调度、河道（航道）治理等方向的管理、规划、设计、科研人员及高等院校相关师生参考。

图书在版编目（CIP）数据

长江中下游干流河槽发育与岸坡稳定/朱勇辉等著. —北京：科学出版社，2023.11
（长江流域水库群科学调度丛书）
ISBN 978-7-03-076798-1

Ⅰ.① 长… Ⅱ.① 朱… Ⅲ.① 长江中下游-稳定河槽 ②长江中下游-岸坡-稳定 Ⅳ.①TV85 ②TV143

中国国家版本馆 CIP 数据核字（2023）第 205677 号

责任编辑：邵 娜/责任校对：郑金红
责任印制：彭 超/封面设计：无极书装

科 学 出 版 社 出版
北京东黄城根北街 16 号
邮政编码：100717
http://www.sciencep.com
武汉精一佳印刷有限公司印刷
科学出版社发行 各地新华书店经销
*
开本：787×1092 1/16
2023 年 11 月第 一 版 印张：13 3/4
2023 年 11 月第一次印刷 字数：343 000
定价：179.00 元
（如有印装质量问题，我社负责调换）

"长江流域水库群科学调度丛书"序

长江是我国第一大河，流域面积达 178.3 万 km²。截至 2022 年末，长江经济带常住人口数量占全国比重为 43.1%，地区生产总值占全国比重为 46.5%。长江流域在我国经济社会发展中占有极其重要的地位。

长江三峡水利枢纽工程（简称三峡工程）是治理开发和保护长江的关键性骨干工程，是世界上规模最大的水利枢纽工程，水库正常蓄水位 175 m，防洪库容 221.5 亿 m³，调节库容 165 亿 m³，具有防洪、发电、航运、水资源利用等巨大的综合效益。

2018 年 4 月 24 日，习近平总书记赴三峡工程视察并发表重要讲话。习近平总书记指出，三峡工程是国之重器，是靠劳动者的辛勤劳动自力更生创造出来的，三峡工程的成功建成和运转，使多少代中国人开发和利用三峡资源的梦想变为现实，成为改革开放以来我国发展的重要标志。这是我国社会主义制度能够集中力量办大事优越性的典范，是中国人民富于智慧和创造性的典范，是中华民族日益走向繁荣强盛的典范。

2003 年三峡水库水位蓄至 135 m，开始发挥发电、航运效益；2006 年三峡水库比初步设计进度提前一年进入 156 m 初期运行期；2008 年三峡水库开始正常蓄水位 175 m 试验性蓄水期，2010～2020 年三峡水库连续 11 年蓄水至 175 m，三峡工程开始全面发挥综合效益。

随着经济社会的高速发展，我国水资源利用和水安全保障对三峡工程运行提出了新的更高要求。针对三峡水库蓄水运用以来面临的新形势、新需求和新挑战，2011 年，中国长江三峡集团有限公司与水利部长江水利委员会实施战略合作，联合开展"三峡水库科学调度关键技术研究"第一阶段项目的科技攻关工作。研究提出并实施三峡工程适应新约束、新需求的调度关键技术和水库优化调度方案，保障了三峡工程综合效益的充分发挥。

"十二五"期间，长江上游干支流溪洛渡、向家坝、亭子口等一批调节性能优异的大型水利枢纽工程陆续建成和投产，初步形成了以三峡水库为核心的长江流域水库群联合调度格局。流域水库群作为长江流域防洪体系的重要组成部分，是长江流域水资源开发、水资源配置、水生态水环境保护的重要引擎，为确保长江防洪安全、能源安全、供水安全和生态安全提供了重要的基础性保障。

从新时期长江流域梯级水库群联合运行管理的工程实际出发，为解决变化环境中以三峡水库为核心的长江流域水库群联合调度所面临的科学问题和技术难点，2015 年，中国长江三峡集团有限公司启动了"三峡水库科学调度关键技术研究"第二阶段项目的科技攻关工作。研究成果实现了从单一水库调度向以三峡水库为核心的水库群联合调度的转变、从汛期调度向全年全过程调度的转变，以及从单一防洪调度向防洪、发电、航运、供水、生态、应急等多目标综合调度的转变，解决了水库群联合调度运用面临的跨区域精准调控难度大、一库多用协调要求高、防洪与兴利效益综合优化难等一系列亟待突破的科学问题，为流域水库群长期高效稳定运行与综合效益发挥提供了技术保障和支撑。2020 年三峡工程完成整体竣工验收，其结论是：运行持续保持良好状态，防洪、发电、航运、水资源利用等综合效益全面发挥。

当前，长江经济带和长江大保护战略进入高质量发展新阶段，水库群对国家重大战略和经济社会发展的支撑保障日益凸显。因此，总结提炼、持续创新和优化梯级水库群联合调度理论与方法更为迫切。

为此，"长江流域水库群科学调度丛书"在对"三峡水库科学调度关键技术研究"项目系列成果进行总结梳理的基础上，凝练了一批水文预测分析、生态环境模拟和联合优化调度核心技术，形成了与梯级水库群安全运行和多目标综合效益挖掘需求相适应的完备技术体系，有效指导了流域水库群联合调度方案制定，全面提升了以三峡水库为核心的长江流域水库群联合调度管理水平和示范效应。

"十三五"期间，随着乌东德、白鹤滩、两河口等大型水利枢纽工程陆续建成投运和水库群范围的进一步扩大，以及新技术的迅猛发展，新情况、新问题、新需求还将接续出现。为此，需要持续滚动开展系统、精准的流域水库群智慧调度研究，科学制定对策措施，按照"共抓大保护、不搞大开发"和"生态优先、绿色发展"的总体要求，为长江经济带发挥生态效益、经济效益和社会效益提供坚实的保障。

"长江流域水库群科学调度丛书"力求充分、全面、系统地展示"三峡水库科学调度关键技术研究"第二阶段项目的丰硕成果，做到理论研究与实践应用相融合，突出其系统性和专业性。希望该丛书的出版能够促进水利工程学科相关科研成果交流和推广，为同类工程体系的运行和管理提供有益的借鉴，并对水利工程学科未来发展起到积极的推动作用。

中国工程院院士

2023 年 3 月 21 日

前　言

　　长江中下游干流河道上起宜昌，下迄长江口原 50 号灯标，全长 1 893 km，是沿江社会经济发展的重要基础，也是横贯我国东部、西部的"黄金水道"。长江中下游干流河道经多年自然演变和河道整治，总体河势稳定，河道冲淤变化已与来水来沙条件基本适应。近年来，受干支流控制性水库的陆续兴建、水土保持工程的实施和其他人类活动及自然条件变化等因素的共同影响，长江中下游来水来沙条件发生较大的变化：水流含沙量锐减，出库泥沙粒径明显偏细，洪峰大幅削减，洪水漫滩概率减小，枯季流量增大，中水期延长，流量过程调平。来水来沙的变化引起长江中下游河道发生明显冲淤变化，部分河段河床纵横断面形态、滩槽格局和局部河势均发生新的变化，河道泄流能力、河道槽蓄量等也发生相应的调整；河道持续冲刷及河势变化使得长江中下游河道岸坡，尤其是险工段岸坡的稳定性面临新的形势与挑战。

　　本书采用现场查勘与调研、资料收集与分析、数学模型计算、水槽试验、理论分析等多种手段，开展新水沙条件下长江中下游干流河槽发育与岸坡稳定研究，阐明三峡水库运行以来长江中下游河道水沙变化特征、造床流量变化及河槽发育变化特点、崩岸情势变化及其影响因素，提出满足多目标需求的三峡水库控泄流量过程和有利于洪水河槽发育的水库优化调度方式，预测新水沙条件下长江中下游干流河道洪水河槽发育趋势及岸坡稳定变化趋势，为三峡水库及上游控制性水库的科学调度、长江中下游河道治理与保护等提供技术支撑和科学依据。

　　全书共 6 章。第 1 章为绪论，简要叙述本书的研究背景与长江中下游干流河道概况及长江上游控制性水库建设运行概况。第 2 章为三峡水库蓄水后长江中下游水沙情势变化特征，包括径流与泥沙变化特征、水位变化特征及水位-流量变化特征。第 3 章为三峡水库蓄水后长江中下游河道变化特征，包括长江中下游河床冲淤变化特征和长江中下游险工段岸坡稳定情势。第 4 章为长江中下游河道造床流量，包括造床流量计算方法、长江中下游造床流量计算和影响因素、长江中下游典型河段造床流量变化及造床作用敏感性和三峡水库控泄流量过程。第 5 章为新水沙条件下长江中下游河槽发育，包括洲滩植被调查与阻力特性试验、洪水过程对河槽发育的影响和有利于洪水河槽发育的优化调度方式。第 6 章为新水沙条件下长江中下游险工段岸坡稳定性，包括长江中下游河道岸坡稳定性影响因素及变化、新水沙条件下典型险工段岸坡稳定性和新水沙条件下典型险工段岸坡稳定性变化趋势。

　　本书各章节撰写分工如下：前言由朱勇辉、李凌云执笔；第 1 章由陈新国、郭小虎、王茜执笔；第 2 章由王茜、李凌云、董炳江、郭小虎、时玉龙执笔；第 3 章由任实、袁晶、邓彩云、朱玲玲、李思璇执笔；第 4 章由朱玲玲、周曼、袁晶、李思璇、陈新国执笔；第 5 章由王敏、葛华、郭小虎、黄仁勇、郭率执笔；第 6 章由朱勇辉、王茜、李凌云、邓彩云、卢波、胡伟执笔。全书由朱勇辉、李凌云统稿。本书是在"三峡水库科学调度关键技术"第二阶段研究项目课题七成果的基础上撰写而成的,是集体研究成果的总结,在研究过程中得到了中国长江三峡集团有限公司及其所属流域枢纽运行管理中心、中国长江电力股份有限公司三峡水利枢纽梯级调度通信中心、水利部长江水利委员会及其所属水旱灾害防御局、长江科学院、水文局等单位的大力支持与协助,在此,谨向他们表示衷心的感谢和崇高的敬意。

本书的出版得到了中国长江三峡集团有限公司"三峡水库科学调度关键技术研究"第二阶段项目的资助。限于水平,书中难免存在不足之处,敬请读者批评指正。

作　者

2022 年 11 月于武汉

目　　录

第1章

绪　　论

　　本章主要概述长江治理与保护面临的新形势和新挑战，以及围绕新形势与新挑战所开展的研究工作；介绍长江中下游干流河道概况，包括河道基本情况、河道边界条件、堤防及河道（航道）整治工程、险工段基本情况；梳理长江上游控制性水库建设运行情况，重点介绍三峡水库、向家坝水库、溪洛渡水库和乌东德水库的调度运行及水库淤积情况。

1.1 研 究 背 景

长江是中华民族的母亲河,保护和治理好长江,既关系到流域内人民的福祉,也关乎国家的长治久安,更事关中华民族的伟大复兴。经过长期努力,长江治理与保护已取得举世瞩目的成效(蔡其华,2009)。与此同时,受人类活动和全球气候变化等影响,长江的自然属性和服务功能都已发生变化,长江治理与保护面临新形势和新挑战。

近年来受气候条件变化、长江上游水土保持减沙、三峡水库及长江上游干支流水库蓄水拦沙等因素的共同影响,长江中下游水沙条件发生变化。长江上游来水来沙的变化引起了长江中下游河道的强烈冲刷,河道原有的相对平衡状态被打破(许全喜,2013),河槽发生了较大的变化,部分河段河床纵横断面形态、滩槽格局和局部河势均发生了新的调整,河道泄流能力、槽蓄量等均发生相应的变化。同时,由于长江中下游河道河岸基本由冲积土组成,抗冲性差,受河床冲刷及水位变化等多方面影响,迎流顶冲段和主流贴岸段常发生岸坡崩塌险情,河道岸坡失稳风险增加。

针对长江中下游河道面临的新形势、新问题,通过研究阐明三峡水库蓄水以来长江中下游水沙情势、造床流量、河槽发育特征和岸坡稳定情势方面的变化,提出满足多目标需求的三峡水库控泄流量过程和有利于河槽发育的水库优化调度方式,预测新水沙条件下长江中下游洪水河槽发育趋势及岸坡稳定性变化趋势。本书研究不仅是长江中下游河道治理与保护的需要,更是长江经济带高质量发展的水利支撑与保障。

1.2 长江中下游干流河道概况

1.2.1 河道基本情况

长江出三峡水库后,进入长江中下游平原地区,流经湖北、湖南、江西、安徽、江苏、上海六个省市,注入东海,全长 1 893 km。其中:宜昌至湖口河段为长江中游,长 955 km,流域面积 68 万 km²;湖口以下为长江下游,长 938 km,流域面积 12 万 km²。长江中下游干流河道受区域地貌及地质构造控制,属冲积平原河流。

汇入长江中下游干流的大小支流约 106 条,其中最大的支流为汉江。长江中下游地区拥有中国最大的淡水湖区,其中包括鄱阳湖、洞庭湖、太湖和巢湖等大湖。由于降雨、径流分布不均,加之河网湖泊密集,长江中下游在历史上水患灾害严重。随着人类活动和经济发展,自东晋以来,陆续在两岸建有大量的堤防,这些堤防对长江中下游的防洪起到了重要的屏障作用。

长江中下游干流河道,依地理环境及河道特性可划分为 5 大段,即宜昌至枝城河段、枝城至城陵矶河段、城陵矶至湖口河段、湖口至徐六泾河段和长江口河段(潘庆燊和胡向阳,2011)。

1. 宜昌至枝城河段

宜昌至枝城河段全长 60.8 km，流经湖北宜昌、枝城、枝江等地。该河段一岸或两岸为高滩与阶地，并傍低山丘陵，河道属于顺直微弯河型，受两岸低山丘陵的制约，整个河段的走向为西北—东南。

2. 枝城至城陵矶河段

枝城至洞庭湖口的城陵矶河段通常称为荆江河段，全长 347.2 km。荆江贯穿于江汉平原与洞庭湖平原之间，流经湖北枝江、松滋、沙市、公安、石首、监利及湖南岳阳等地。两岸河网纵横，湖泊密布，土地肥沃、气候温和，是我国著名的粮棉产地。荆江两岸的松滋口、太平口、藕池口和调弦口（调弦口于 1959 年建闸控制）分泄水流入洞庭湖。洞庭湖接纳四口分流和湘江、资江、沅江、澧水四水后于城陵矶汇入长江。荆江按河型的不同，以藕池口为界分为上荆江、下荆江，上荆江为微弯分汊型河道，下荆江为典型的蜿蜒型河道。

3. 城陵矶至湖口河段

本河段分为城陵矶至武汉河段、武汉至湖口河段两段。

城陵矶至武汉河段上起城陵矶，下迄武汉新洲阳逻，全长 275 km，流经湖南岳阳、临湘和湖北监利、洪湖、赤壁、嘉鱼、咸宁、武汉等地，武汉龟山以下有汉江入汇。受地质构造的影响，河道走向为北东向。左岸属江岸凹陷，右岸属江南古陆和下扬子台凹。两岸湖泊和河网水系交织，本河段为藕节状分汊河型。

武汉至湖口河段上起武汉新洲阳逻，下迄鄱阳湖口，全长 272 km，流经湖北武汉、黄冈、鄂州、黄石和江西九江及安徽宿松等地。本河段河谷较窄，走向为东南向，部分山丘直接临江，对河道形成较强的控制。本河段两岸湖泊支流较多，河道总体河型为两岸边界条件限制较强的藕节状分汊河型。

4. 湖口至徐六泾河段

本河段分为湖口至大通河段、大通至江阴河段和江阴至徐六泾河段。

湖口至大通河段上起湖口，下迄大通羊山矶，全长 228 km，流经江西湖口、彭泽和安徽宿松、望江、东至、怀宁、枞阳、池州等地。起点湖口为鄱阳湖水系（饶河、信江、抚河、赣江、修水）入汇处。本河段河谷多受断裂控制并偏于右岸，河道流向为东北向。右岸阶地较狭窄，左岸阶地和河漫滩宽阔，河谷两岸明显不对称。本河段为藕节状分汊河型。

大通至江阴河段上起羊山矶，下迄江阴鹅鼻嘴，全长 431.4 km，流经安徽铜陵、芜湖、马鞍山和江苏南京、仪征、句容、镇江、江都、常州、泰州、泰兴、江阴等地。本河段河宽一般为 2~3 km，水深为 20~40 m，河谷右岸靠近宁镇山脉和下属黄土（晚更新世）阶地，左岸主要为平原，河漫滩较宽，最宽可达 25 km。自大通以下为感潮河段，本河段有滁河汇入，京杭大运河横贯南北，在镇江、扬州附近与长江干流相交，左岸三江营有淮河入江。本河段为藕节状分汊河型。

江阴至徐六泾河段全长 96.8 km，流经江苏江阴、靖江、张家港、常熟、南通等地。

江阴附近江面宽为 1.4 km，至徐六泾江面宽为 5.7 km，本河段首尾窄，中段宽并向北弯曲。上段右岸有黄山、肖山和长山滨江，下段左岸有黄泥山、马鞍山龙爪岩临江。本河段两岸河港纵横，右岸有望虞河等太湖水系通入长江。本河段为江心洲十分发育的分汊河型。

5. 长江口河段

长江口地处长江三角洲，自徐六泾至河口原 50 号灯标，长约 181.8 km，流经江苏海门、启东、常熟、太仓等地和上海宝山、川沙、南汇、崇明等地。徐六泾断面河宽约为 5.7 km，河口启东嘴至南汇嘴河宽扩展为 90 km。长江口河段平面呈扇形，总体呈三级分汊、四口入海的河势格局。在徐六泾以下，崇明岛将长江分为南支和北支，南支在吴淞口以下又被长兴、横沙等岛分为南港和北港，南港由九段沙分为南槽和北槽，共有北支、北港、北槽和南槽四个入海通道。本河段右岸吴淞口有黄浦江入汇。长江口为陆海双相中等强度潮汐河口，是洲滩发育的多汊河段。

1.2.2　河道边界条件

1. 地质地貌

长江中下游位于长江流域自西向东地势第三级阶梯，地貌形态为堆积平原、低山丘陵、河流阶地和河床洲滩。汉江–洞庭湖平原及下游左岸广大平原为冲湖积平原，城陵矶至大通河段右岸多为狭窄的冲洪积平原。枝城以上低山丘陵较多，石首、岳阳附近也有少数低山丘陵，鄂州至武穴河段低山丘陵沿两岸分布，湖口以下沿江南岸山丘断续分布。河道两岸有反映其演变过程的多级阶地，其级数越向下游越少，宜昌附近有五级阶地，荆江河段有两级阶地发育，城陵矶以下沿江丘陵有三级阶地发育。长江中下游洲滩较多，两岸滩地一般在长江高水位以下，易发生冲淤，江心洲多发育于上下节点间的河道宽阔段。

2. 河床边界条件

长江中下游岸坡按物质组成可分为基岩（砾）质岸坡、砂质岸坡和土质岸坡，其中基岩（砾）质岸坡数量不多。砂质岸坡多具二元结构，一般上部为细粒物质，下部为砂卵石或粉细砂等。

基岩（砾）质岸坡：包括基岩丘陵和基座阶地下部基岩、砾质岸坡，其抗冲能力较强，岸坡稳定。基岩（砾）质岸坡主要分布在长江中游地区，如宜昌下游右岸五龙山、虎牙滩、枝城段，下荆江石首附近，黄石至武穴等段。节点是长江中下游干流的一种河谷地貌，是河床的一种特殊边界条件，可分为天然节点和人工节点两大类，对河势稳定起着重要的控制作用。

砂质岸坡：河谷岸坡中下部以砂层为主，稳定性差。上荆江河岸地层结构上部为黏土层，中部为砂层，下部为卵石层；下荆江河岸地层结构上部为黏土层，下部为粉细砂、中砂层；长江中下游砂质岸坡较多，以粉土和细砂为主，岸坡不够稳定；洲滩岸段多以粉细砂为主。

土质岸坡：该类河岸具有二元结构，上部为黏土、亚黏土，下部为粉土或细砂，河谷岸坡以上部土层为主，如城陵矶至武汉左岸多数岸坡、下游九江至大通左岸岸坡均为此类岸坡，这种岸坡的稳定性与黏土层厚度有极大的关系。

3. 河床组成

三峡水库蓄水后，随着河道冲刷，宜昌至大埠街干流河段河床逐步由蓄水前的沙质河床或沙夹卵石河床演变为卵石夹沙河床，床沙组成逐年粗化和沿程粗化的趋势明显，中值粒径一般为 0.32～62 mm，大埠街以下为沙质河床，床沙中值粒径一般在 0.25～0.30 mm，总体分布是越往下游越细。

1.2.3 堤防及河道（航道）整治工程

1. 堤防工程

堤防是长江中下游干流防洪的基础设施，目前宜昌至长江口干流堤防 3 938 km 已基本完成达标建设，其中左岸 1 884 km，右岸 1 643 km，江心洲 411 km。按照保护对象重要性划分，长江中下游干流 1 级堤防 747 km，2 级堤防 2 719 km，3 级及以下堤防 472 km。

2. 河道治理工程

为了保障长江中下游河势稳定和防洪安全，研究者相继开展了以河势控制工程与护岸工程为主的河道治理工作。20 世纪 50～60 年代对重点堤防荆江大堤、岳阳长江干堤、同马大堤及无为大堤和重要城市武汉、南京、马鞍山等江岸岸坡实施了防护。20 世纪 60～70 年代，实施了下荆江中洲子、上车湾系统裁弯工程，以及武汉、南京、芜裕、镇扬等重点河段河势控制工程，对部分趋于萎缩的支汊如安庆河段的官洲西江，太子矶河段的扁担洲右夹江、玉板洲夹江，铜陵河段的太阳洲，南京河段的兴隆洲左汊进行了封堵。20 世纪 80～90 年代中期，开展了界牌、马鞍山、南京、镇扬等河段的系统治理。

1998 年长江发生流域性大洪水后，水利部长江水利委员会组织实施了长江重要堤防隐蔽工程，对直接危及重要堤防崩岸段和少数河势变化剧烈的河段进行了治理，工程涵盖湖北、湖南、安徽、江西四省所辖范围内的长江干堤、汉江遥堤、赣江赣抚大堤等约 2 000 km 堤防，累计护岸长度 436 km，完成抛石量 2 215 万 m³，混凝土铰链沉排 100 万 m²。

2003 年三峡水库蓄水运行以来，为积极应对"清水下泄"对长江中下游防洪、河势等方面带来的影响，水利部组织实施了部分河段河势控制应急工程。1998～2010 年长江中下游干流河道治理长度约 720 km，2011～2013 年治理长度约 310 km。2016 年以来，按照《加快长江中下游崩岸重点治理实施方案》，开展了列入《三峡后续工作规划》的宜昌至湖口河段崩岸重点治理项目 26 项，以及列入 172 项节水供水重大水利工程中的湖口以下江西、安徽、江苏三省共计 37 项崩岸重点治理项目（卢金友，2020）。

3. 航道整治工程

20世纪90年代以来，长江中下游干流河道开展了大量航道整治工程，截至2016年，共计完成54项航道整治工程，初步形成了有利的滩槽格局，改善了重点碍航水道的航道条件，提高了航道维护水深，为后续系统航道整治奠定了基础。

"九五"计划、"十五"计划期间，长江中下游实施了界牌河段综合治理、太子矶水道航道整治、马当水道沉船打捞、张家洲南港航道整治、碾子湾河段航道整治和清淤及长江口深水航道整治一期和二期等工程。"十一五"规划期间，长江中游相继实施枝江至江口、沙市、马家嘴、周天、藕池口、窑监，嘉鱼至燕子窝、戴家洲、牯牛沙等水道航道整治工程；重点对长江下游东流、安庆、土桥、黑沙洲、口岸直、双涧沙等水道进行了航道整治，完成了长江口深水航道整治三期工程建设。"十二五"规划期间，长江中下游干流河道重点实施了宜昌至昌门溪河段一期、荆江河段二期、杨林岩水道、界牌河段二期、赤壁至潘家湾河段、武桥水道、天兴洲河段、湖广至罗湖洲河段、戴家洲河段二期、牯牛沙水道二期、鲤鱼山水道、新洲至九江河段、马南水道、东流水道二期等航道工程；南京以下河段实施了太仓至南通河段一期、南通至南京河段二期12.5 m深水航道工程建设。

2017~2018年，先后开工建设8项航道整治工程，由上至下分别为宜昌至昌门溪河段航道整治二期工程、武汉至安庆河段6 m水深航道整治工程、蕲春水道航道整治工程、长江中游新洲至九江河段航道整治二期工程、安庆河段航道整治二期工程、黑沙洲水道航道整治二期工程、长江下游芜裕河段航道整治工程、长江口南槽航道治理一期工程等。

1.2.4　险工段基本情况

长江重要堤防隐蔽工程建设后，长江中下游河段水流顶冲段和大堤无滩河段修建了多处险工护岸工程，险工段的险情得到一定程度的缓解。但是由于局部河段河势调整，顶冲点将来可能上提或下移，岸线崩塌范围会不断变化，可能会出现潜在的崩岸段。据不完全统计，长江中下游共有115个险工段，累计长度为568.1 km。

1.3　长江上游控制性水库建设运行概况

根据长江流域综合规划，长江上游干支流库容大、有调节能力的控制性枢纽涉及长江干流的金沙江和川江、雅砻江、岷江（含大渡河）、嘉陵江（含白龙江）、乌江等河流上的梯级水库。目前，金沙江的乌东德水库、白鹤滩水库、溪洛渡水库和向家坝水库，雅砻江的锦屏一级水库和二滩水库，岷江的紫坪铺水库和瀑布沟水库，嘉陵江的宝珠寺水库和亭子口水库，乌江的洪家渡水库、乌江渡水库、构皮滩水库和彭水水库，长江干流的三峡水库等控制性水库已经蓄水运行，水库基本情况见表1.1。

表 1.1 长江上游干支流主要控制性水库基本情况表

河流	水库	正常蓄水位（吴淞）/m	死水位（吴淞）/m	总库容/亿 m³	调节库容/亿 m³	装机容量/MW	防洪库容/亿 m³
金沙江	乌东德水库	975	945	58.63	30.20	10 200	24.40
	白鹤滩水库	825	765	190.06	104.36	16 000	75.00
	溪洛渡水库	600	540	115.70	64.60	13 860	46.50
	向家坝水库	380	370	49.77	9.03	6 000	9.03
雅砻江	锦屏一级水库	1 880	1 800	77.60	49.10	3 600	16.00
	二滩水库	1 200	1 155	57.90	33.70	3 300	9.00
岷江	紫坪铺水库	877	817	9.98	7.74	760	1.67
	瀑布沟水库	850	790	50.64	38.82	3 300	11.00
嘉陵江	宝珠寺水库	588	558	21.00	13.40	700	3.10
	亭子口水库	458	438	34.90	17.50	1 100	14.40
乌江	洪家渡水库	1 140	1 076	49.47	33.61	600	22.25
	乌江渡水库	760	736	21.40	9.28	1 250	0.69
	构皮滩水库	630	590	55.64	29.52	3 000	4.00
	彭水水库	293	278	12.12	5.18	1 750	2.32
长江	三峡水库	175	155	393.00	165.00	18 200	221.50
合计					611.04	83 620	460.86

2012 年以来，长江流域控制性水工程联合调度逐步开展，随着流域控制性水库的不断建成投运，联合调度范围不断扩大，纳入控制性水工程联合调度的水库由 2012 年的 10 座增加到 2014 年的 21 座、2017 年的 28 座、2018 年的 40 座、2020 年的 41 座，总调节库容达 884 亿 m³，总防洪库容达 598 亿 m³。以三峡水库为核心，金沙江下游梯级水库为重点，金沙江中游群、雅砻江群、岷江群、嘉陵江群、乌江群、清江群、洞庭湖"四水"群和鄱阳湖"五河"群 8 个水库群相互配合的涵盖长江湖口以上的中上游水库群联合调度体系逐步形成。

本书重点介绍三峡水库、向家坝水库、溪洛渡水库和乌东德水库等已建控制性水库的调度运行及水库淤积情况。

1.3.1 三峡水库

1. 水库运行情况

三峡水库坝址位于湖北宜昌，正常蓄水位为 175 m，防洪限制水位为 145 m，枯季消落最低水位为 155 m，相应的总库容、防洪库容和兴利库容分别为 393.00 亿 m³、

221.50 亿 m³、165.00 亿 m³。三峡水库调度方式为：每年汛期 6 月中旬～9 月底一般以防洪限制水位 145 m 运行，9 月 10 日正式开始蓄水，库水位逐步上升至 175 m 水位，库水位在 5 月末降至 155 m，汛前 6 月上旬降至防洪限制水位。

三峡水库于 2003 年 6 月 1 日正式下闸蓄水，6 月 10 日坝前水位蓄至 135 m，至此汛期按 135 m 运行，枯季按 139 m 运行，三峡水库开始进入围堰蓄水期；2006 年 9 月 20 日 22 时三峡水库开始二期蓄水，至 10 月 27 日 8 时蓄水至 155.36 m，至此汛期按 144～145 m 运行，枯季按 156 m 运行，三峡水库进入初期运行期。

经国务院批准，三峡水库 2008 年汛末进行了 175 m 试验性蓄水，2008 年 9 月 28 日 0 时（坝前水位为 145.27 m）三峡水库进行试验性蓄水，至 11 月 4 日 22 时蓄水结束，坝前水位达到 172.29 m。2010 年汛期上游来水量偏大，三峡水库进行了 7 次防洪运行，三峡水库汛期平均库水位为 151.54 m，较防洪限制水位抬高了 6.54 m，汛期最高库水位为 161.02 m，2010 年 9 月 10 日 0 时三峡水库开始汛末蓄水，起蓄水位承接前期防洪运行水位 160.2 m，9 月底蓄水至 162.84 m，10 月 26 日 9 时，三峡水库首次蓄水至 175 m。直至 2021 年，三峡水库均在 10～11 月实现 175 m 的蓄水目标，三峡水库坝前水位变化过程如图 1.1 所示。

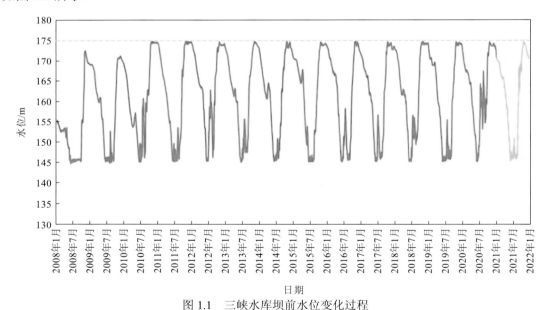

图 1.1　三峡水库坝前水位变化过程

2. 水库淤积特征

由于三峡水库入库泥沙量较初步设计值大幅减少，库区泥沙淤积也大为减轻。根据三峡水库主要控制站——朱沱站、北碚站、寸滩站、武隆站、清溪场站、黄陵庙站（2003 年 6 月～2006 年 8 月三峡水库入库站为清溪场站，2006 年 9 月～2008 年 9 月为寸滩站及武隆站，2008 年 10 月～2020 年 12 月为朱沱站、北碚站及武隆站）实测资料统计，2003 年

6 月～2020 年 12 月，三峡水库入库悬移质泥沙量为 25.980 亿 t，出库（黄陵庙站）悬移质泥沙量为 6.212 亿 t，不考虑三峡水库区间来沙，水库淤积泥沙量为 19.768 亿 t，近似年均淤积泥沙量为 1.124 亿 t，仅为论证阶段（数学模型采用 1961～1970 系列年预测成果）的 34%，三峡水库排沙比为 23.9%。

根据地形法计算结果，2003 年 3 月～2020 年 10 月三峡水库干流累计淤积泥沙 17.186 亿 m^3，其中：变动回水区（江津至涪陵河段）累计冲刷泥沙 0.751 亿 m^3；常年回水区淤积量为 17.937 亿 m^3。根据输沙量计算结果，三峡水库泥沙量变化情况见图 1.2。

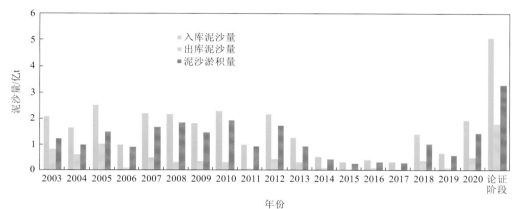

图 1.2 三峡水库泥沙量变化情况

从排沙比的变化过程来看，汛期随着坝前平均水位的抬高，三峡水库排沙效果有所减弱（图 1.3、表 1.2）。在三峡水库围堰蓄水期，水库排沙比为 37.0%；初期运行期，水库排沙比为 18.8%。三峡水库 175 m 试验性蓄水后，2008 年 10 月～2020 年 12 月三峡水库入库悬移质泥沙量为 14.541 亿 t，出库悬移质泥沙量为 2.790 亿 t，不考虑区间来沙，水库淤积泥沙量为 11.751 亿 t，水库排沙比为 19.2%，显著小于围堰蓄水期，重要原因之一就是其运行水位的变化，特别是汛期运行水位的抬升，对水库排沙比的影响较大。

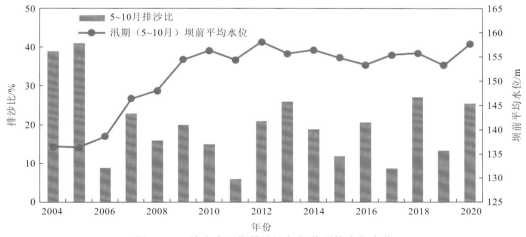

图 1.3 三峡水库汛期排沙比与坝前平均水位变化

表 1.2　三峡水库进出库泥沙与水库淤积量

时间	入库		出库		水库淤积量/亿 t	排沙比/%
	水量/亿 m³	泥沙量/亿 t	水量/亿 m³	泥沙量/亿 t		
2003 年 6 月～2006 年 8 月	13 277	7.004	14 097	2.590	4.414	37.0
2006 年 9 月～2008 年 9 月	7 619	4.435	8 178	0.832	3.603	18.8
2008 年 10 月～2016 年 12 月	29 479	10.142	32 915	1.779	8.363	17.5
2017 年 1 月～2020 年 12 月	16 771	4.399	18 928	1.011	3.388	23.0
2003 年 6 月～2020 年 12 月	67 146	25.980	74 118	6.212	19.768	23.9

1.3.2　向家坝水库

1. 水库运行情况

向家坝水库位于四川宜宾和云南水富境内，是金沙江下游干流出口控制梯级水库，上距溪洛渡水库 156.6 km，下距金沙江出口宜宾 33 km，距下游干流朱沱站约 280 km。水库正常蓄水位为 380 m，相应库容为 49.77 亿 m³；死水位为 370 m，死库容为 40.74 亿 m³，水库调节库容为 9.03 亿 m³。水库调度方式为：汛期 7 月 1 日～9 月 10 日按防洪限制水位 370 m 控制运行，一般情况下，水库自 9 月 11 日开始蓄水，9 月底前可蓄至正常蓄水位 380 m，12 月下旬～次年 6 月上旬为供水期，5 月底库水位消落至汛期限制水位 370 m。

向家坝水库于 2012 年 10 月 10 日正式下闸蓄水，10 月 16 日顺利蓄水至高程 354 m，成功实现水库初期蓄水目标，水库正式开始运行并发挥效益。2013 年 6 月 26 日开始 370 m 蓄水，7 月 5 日成功蓄至 370 m；9 月 7 日向家坝水库开始首次汛末蓄水，9 月 12 日，380 m 蓄水目标顺利实现，本次蓄水目标的成功实现，标志着工程建设全面达到设计要求，其防洪、发电、航运、灌溉等综合效益将充分发挥(向家坝水库坝前水位变化过程如图 1.4 所示)。

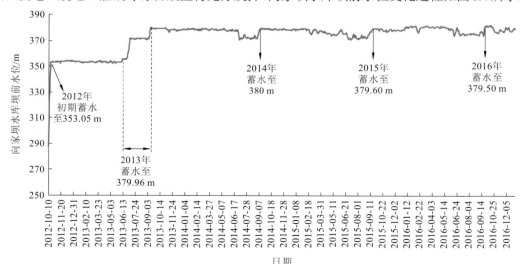

图 1.4　向家坝水库坝前水位变化过程

2. 水库淤积特征

2012 年 11 月~2019 年 5 月，向家坝水库泥沙淤积量为 3 423 万 m³（干流泥沙淤积量为 2 755 万 m³，主要支流淹没区泥沙淤积量为 668 万 m³）。其中，变动回水区泥沙冲刷量为 354 万 m³，常年回水区泥沙淤积量为 3 777 万 m³。从冲淤沿高程的分布来看：在 370 m 死水位以下的泥沙淤积量为 3 207 万 m³，占总泥沙淤积量的 93.69%，占水库死库容的 0.79%；在高程为 370~380 m 调节库容内的 216 万 m³ 泥沙淤积量，占总泥沙淤积量的 6.31%，占水库调节库容的 0.24%。

2019 年 5 月~2020 年 5 月，向家坝水库泥沙淤积量为 236 万 m³（干流泥沙淤积量为 123 万 m³，主要支流淹没区泥沙淤积量为 113 万 m³）。其中，变动回水区泥沙冲刷量为 116 万 m³，常年回水区泥沙淤积量为 352 万 m³。

1.3.3　溪洛渡水库

1. 水库运行情况

溪洛渡水库坝址位于云南永善和四川雷波交界的金沙江下游干流。水库正常蓄水位为 600 m，总库容为 115.70 亿 m³；死水位为 540 m，死库容为 51.10 亿 m³；水库调节库容为 64.60 亿 m³，防洪库容为 46.50 亿 m³，汛期限制水位为 560 m。水库调度方式为：水位正常运行范围为 540~600 m，汛期（7~9 月）水库按防洪调度方式运行，一般按汛期限制水位 560 m 运行。9 月中旬开始蓄水，一般情况下 9 月底前蓄至正常蓄水位 600 m，12 月下旬~次年 5 月底为供水期，5 月底水库水位降至死水位 540 m。

溪洛渡水库蓄水共分为三个阶段：第一阶段蓄水至 540 m 高程；第二阶段蓄水至 560 m 高程；第三阶段蓄水至 600 m 正常蓄水位。溪洛渡水库从 2013 年 5 月 4 日开始下闸蓄水，水位从 440 m 起涨，至 6 月 23 日水位涨至 540 m 高程，第一阶段 540 m 蓄水任务顺利完成，水位已满足首批机组发电的要求，金沙江第一大水库正式形成。第二阶段 560 m 蓄水从 11 月 1 日开始，12 月 8 日溪洛渡水库成功蓄水至 560 m，圆满完成第二阶段蓄水任务，为第三阶段蓄水至 600 m 水位打下了坚实的基础，溪洛渡水库坝前水位变化过程如图 1.5 所示。

2. 水库淤积特征

2013 年 6 月~2019 年 11 月，溪洛渡水库泥沙淤积量为 51 739 万 m³，其中，变动回水区的泥沙淤积量为 2 066 万 m³，占总泥沙淤积量的 4.0%；常年回水区的泥沙淤积量为 49 673 万 m³，占总泥沙淤积量的 96.0%。从淤积部位来看，540 m 死水位以下的泥沙淤积量为 44 623 万 m³，占总泥沙淤积量的 86.2%，占水库死库容的 8.7%。高程为 540~600 m 调节库容内的泥沙淤积量为 7 116 万 m³，占总泥沙淤积量的 13.8%，占水库调节库容的 1.1%。高程为 560~600 m 防洪库容内泥沙冲刷量为 202 万 m³，其中：干流泥沙冲刷量为 81 万 m³；支流泥沙冲刷量为 121 万 m³。

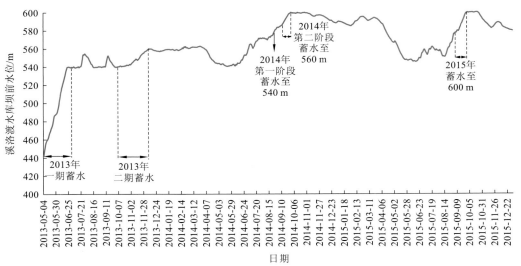

图 1.5　溪洛渡水库坝前水位变化过程

　　2019 年 11 月～2020 年 11 月，溪洛渡水库泥沙淤积量为 0.352 亿 m³，其中：变动回水区泥沙淤积量为 0.027 亿 m³；常年回水区泥沙淤积量为 0.325 亿 m³。从淤积部位来看，在 540 m 以下的死库容内的泥沙淤积量达 0.335 亿 m³，占水库死库容的 0.7%。

1.3.4　乌东德水库

1. 水库运行情况

　　乌东德水库主体工程于 2015 年正式开工，2017 年 12 月完成导流洞建设。2019 年汛前，由大坝坝体临时挡水度汛。2019 年 10 月 2 日开启导流洞下闸工作。2020 年 1 月中下旬，乌东德水库进入初期蓄水第一阶段，坝前水位从 833.4 m 蓄至 895 m；4 月至 6 月初，进入初期蓄水第二阶段，坝前水位从 895 m 蓄至 945 m；8 月 4 日至 23 日，进入初期蓄水第三阶段，坝前水位从 945 m 蓄至 965 m，乌东德水库坝前水位及流量变化过程如图 1.6 所示。

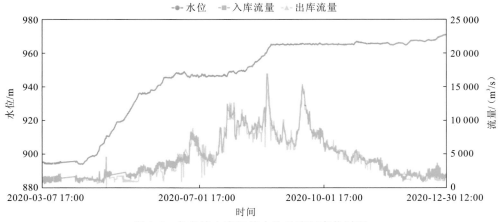

图 1.6　乌东德水库坝前水位及流量变化过程

2. 水库淤积特征

2020 年乌东德水库干流及主要支流入库输沙量为 1 519.5 万 t（攀枝花站+桐子林站+小黄瓜园站+可河站），其中：干流控制站攀枝花站年输沙量为 212 万 t，支流雅砻江的桐子林站、龙川江的小黄瓜园站和鲹鱼河的可河站年输沙量分别为 1 240 万 t、24.5 万 t 和 43 万 t；坝址乌东德站的出库泥沙量为 411 万 t，不考虑未控区间来沙，2020 年乌东德水库泥沙淤积量约为 1 108.5 万 t。

自主体工程正式开工以来，2015～2019 年平均入库来沙量为 1 161 万 t，坝下游乌东德站输沙量为 3 178 万 t，库区其他支流、未控区间等年均来沙量约为 2 017 万 t。2020 年库区进入泥沙拦截状态，若未控区间按照 2015～2019 年均值估计，则该年度库区累计泥沙淤积量约为 3 125.5 万 t。

第2章

三峡水库蓄水后长江中下游水沙情势变化特征

准确把握水沙情势变化是开展长江中下游干流河槽发育及岸坡稳定研究的基础。本章基于典型水文测站观测资料，分析三峡水库蓄水前后长江中下游河道水沙情势变化特征，具体包括三峡水库蓄水前后长江中下游河道径流量、输沙量和含沙量的年际和年内变化，分析长江中下游典型水文站日均水位年最大和月最大降幅和涨幅变化、汛期及蓄水期水位降幅变化，以及不同河段多年平均和月平均水面比降变化，阐明长江中下游沿程典型水文站水位-流量关系和高、中、低不同流量下水位的变化特征及原因。

2.1　径流与泥沙变化特征

2.1.1　年际变化特征

三峡水库蓄水前后，长江中下游主要水文测站多年平均径流量、输沙量和含沙量统计特征值见表 2.1、表 2.2，宜昌站和大通站径流量、输沙量历年变化过程见图 2.1、图 2.2。

表 2.1　三峡水库蓄水前后长江中下游主要水文测站径流量和输沙量多年平均值变化表

	项目	宜昌站	枝城站	沙市站	监利站	螺山站	汉口站	大通站
径流量	2002 年以前/亿 m³	4 369	4 450	3 942	3 576	6 460	7 111	9 052
	2003～2018 年/亿 m³	4 092	4 188	3 831	3 708	6 067	6 800	8 597
	变化率/%	−6	−6	−3	4	−6	−4	−5
输沙量	2002 年以前/万 t	49 200	50 000	43 400	35 800	40 900	39 800	42 700
	2003～2018 年/万 t	3 583	4 329	5 381	6 954	8 573	9 966	13 363
	变化率/%	−93	−91	−88	−81	−79	−75	−69

注：宜昌站、大通站 2002 年以前多年平均统计年份为 1950～2002 年；枝城站 2002 年以前多年平均统计年份为 1992～2002 年；沙市站、汉口站、监利站、螺山站 2002 年以前多年平均统计年份为 1954～2002 年。

表 2.2　三峡水库蓄水前后长江中下游主要水文测站含沙量多年平均值变化表

项目	宜昌站	沙市站	汉口站	大通站
2002 年以前/(kg/m³)	1.130	1.100	0.560	0.472
2003～2018 年/(kg/m³)	0.088	0.140	0.146	0.156
变化率/%	−92	−87	−74	−67

注：宜昌站、大通站 2002 年以前多年平均统计年份为 1950～2002 年；沙市站、汉口站 2002 年以前多年平均统计年份为 1954～2002 年。

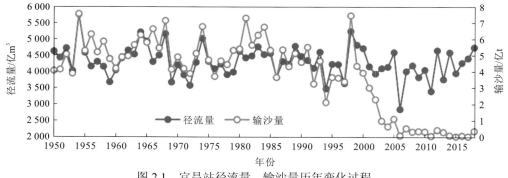

图 2.1　宜昌站径流量、输沙量历年变化过程

三峡水库蓄水前（2002 年以前），宜昌站、汉口站和大通站多年平均径流量分别为 4 369 亿 m³、7 111 亿 m³ 和 9 052 亿 m³。三峡水库蓄水后，2003～2018 年长江中下游各站除监利站多年平均径流量较蓄水前偏丰 4%外，其他站径流量偏枯 3%～6%。

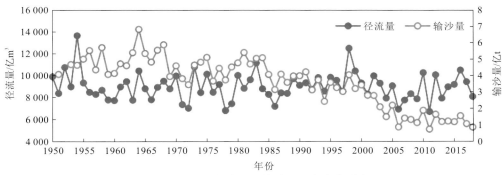

图 2.2　大通站径流量、输沙量历年变化过程

三峡水库蓄水前（2002 年以前），宜昌站、汉口站和大通站多年平均输沙量分别为 49 200 万 t、39 800 万 t 和 42 700 万 t。三峡水库蓄水后，2003～2018 年各站多年年均输沙量沿程减小，减小幅度为 69%～93%，且减幅沿程递减。宜昌站出库含沙量大幅减少，由蓄水前的 1.130 kg/m³ 减小至 0.088 kg/m³，减幅为 92%，随着长江中下游河道冲刷，水体中泥沙不断自河床获得补给，至大通站含沙量增至 0.156 kg/m³，较蓄水前减幅为 67%。

以泥沙粒径 $d \leqslant 0.031$ mm、0.031 mm $< d \leqslant 0.125$ mm 与 $d > 0.125$ mm 三组粒径输沙量分别代表长江中下游河道细沙、中沙、粗沙，根据实测资料分别统计各粒径组输沙量在三峡水库运行前后的沿程变化及沙重百分比情况，具体情况如图 2.3 所示。

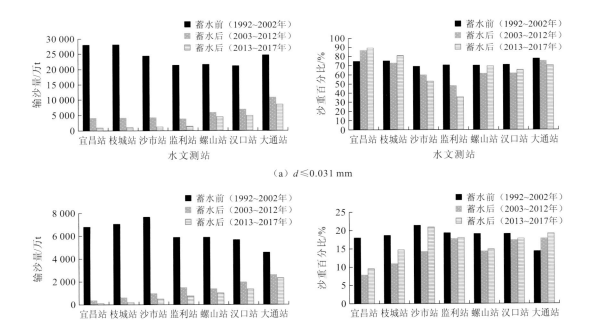

（a）$d \leqslant 0.031$ mm

（b）0.031 mm $< d \leqslant 0.125$ mm

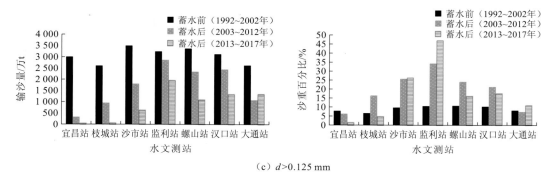

（c）d>0.125 mm

图 2.3　　三峡水库运行前后长江中下游干流主要水文测站不同粒径组输沙量及占比

由图 2.3 可知，与蓄水前相比：

（1）蓄水后 $d\leqslant0.031$ mm 粒径组年均输沙量大幅减少，受泥沙沿程补给影响，年均输沙量沿程递增；与蓄水前相比，宜昌站沙重百分比增大，而沙市站、监利站沙重百分比减小；蓄水后 $d\leqslant0.031$ mm 粒径组沙重百分比在宜昌至监利河段递减，在监利至螺山河段递增，螺山以下河段变化不大。

（2）蓄水后 0.031 mm$<d\leqslant0.125$ mm 粒径组年均输沙量变化规律与 $d\leqslant0.031$ mm 类似；与蓄水前相比，蓄水后该粒径组沙重百分比除大通站外，其余站点均减小；2003～2012 年沙重百分比在宜昌至监利河段递增，2013～2017 年在宜昌至沙市河段递增。

（3）$d>0.125$ mm 粒径组年均输沙量在宜昌至监利河段 2003～2012 年沿程恢复速率较快，且在监利站接近蓄水前的水平，随着时间推移，2013～2017 年沿程恢复速率仍较快，在监利站仍达到最大值；与蓄水前相比，蓄水后宜昌站沙重百分比减小，沙市站、监利站、螺山站及汉口站均增大；蓄水后宜昌至监利河段沙重百分比递增，监利至螺山河段沙重百分比大幅减少。

以上分析结果表明：三峡水库蓄水后，长江中下游各粒径组泥沙沿程均有所恢复，其中较细的 $d\leqslant0.125$ mm 泥沙恢复速率较慢、恢复距离较长，至大通站沿程年输沙量仍持续增加；较粗的 $d>0.125$ mm 泥沙恢复速率较快、恢复距离较短，至监利站达到最大值，其后沿程输沙量有所降低。同时，沿程各站、各粒径组泥沙输沙水平均低于三峡水库蓄水前。

2.1.2　年内变化特征

1. 径流量

三峡水库蓄水前后长江中下游干流主要水文测站月径流量变化见表 2.3。由表 2.3 可知：蓄水前长江中下游干流径流量集中在 5～10 月，占全年的 71%～79%；蓄水后长江中下游干流径流量仍集中在 5～10 月，但受三峡水库调度影响，5～10 月径流量占比较蓄水前减小，占全年的 68%～74%，11 月～次年 4 月径流量占全年的 26%～32%，较蓄水前有所增加。由于长江上游干支流水库大多采用汛末或汛后蓄水、汛前消落的调度方式，长江中下游干流径流量汛末、汛后有所减小，汛前有所增加。与三峡水库蓄水前相比，2003～2017 年 9～11 月宜昌站来水量减幅为 9%～30%，10 月减幅达 30%；1～4 月宜昌站来水量增幅为 23%～44%。

表 2.3　三峡水库蓄水前后长江中下游干流主要水文测站月径流量变化表

	项目	1 月	2 月	3 月	4 月	5 月	6 月	7 月	8 月	9 月	10 月	11 月	12 月
宜昌站	蓄水前/亿 m³	114.3	93.65	115.6	171.3	310.4	466.5	804.0	734.1	657.0	483.2	259.7	157.2
	蓄水后/亿 m³	151.4	134.9	164.0	210.4	336.0	447.7	711.1	613.4	540.1	339.8	236.7	164.3
	变化率/%	32	44	42	23	8	−4	−12	−16	−18	−30	−9	5
沙市站	蓄水前/亿 m³	131.4	109.4	135.3	181.1	296.6	440.9	719.2	647.7	509.8	407.1	250.9	167.0
	蓄水后/亿 m³	161.6	142.8	173.4	214.7	322.0	409.1	615.6	539.4	483.6	325.9	236.4	173.2
	变化率/%	23	31	28	19	9	−7	−14	−17	−5	−20	−6	4
螺山站	蓄水前/亿 m³	195.3	189.3	276.7	397.4	567.4	747.6	1 092	922.7	805.3	618.7	382.2	243.2
	蓄水后/亿 m³	247.9	228.2	327.0	402.0	597.5	743.5	959.8	801.8	681.2	459.5	357.8	256.2
	变化率/%	27	21	18	1	5	−1	−12	−13	−15	−26	−6	5
汉口站	蓄水前/亿 m³	230.7	218.1	308.3	430.3	616.6	802.6	1 188.0	1 017.0	889.7	696.0	443.1	287.2
	蓄水后/亿 m³	289.4	262.6	368.4	449.6	645.3	798.4	1 051.0	900.9	770.0	547.8	416.4	307.2
	变化率/%	25	20	19	4	5	−1	−12	−11	−13	−21	−6	7
大通站	蓄水前/亿 m³	308.1	296.9	455.6	647.3	853.1	1 030.0	1 405.0	1 204.0	1 050.0	857.9	582.9	383.4
	蓄水后/亿 m³	365.5	344.2	519.7	622.2	856.3	1 054.0	1 264.0	1 090.0	904.4	695.7	512.0	406.9
	变化率/%	19	16	14	−4	0	2	−10	−9	−14	−19	−12	6

　　分析 1992 年以来长江中下游干流 6 个主要水文测站枯水期（12 月～次年 4 月）、三峡水库消落期（5～6 月）、汛期（7～8 月）和蓄水期（9～11 月）共 4 个不同时期径流量的变化过程。表 2.4 和图 2.4 给出了三峡水库蓄水前的 1992～2002 年、蓄水后的 2003～2012 年和 2013～2017 年，各水文测站枯水期、消落期、汛期和蓄水期多年平均径流量的变化。可以看出：蓄水后的 2003～2012 年与蓄水前的 1992～2002 年相比，枯水期螺山站和大通站径流量略有下降，可能与该期间径流量偏枯有关，其他 4 站均有所增加，其中枝城站增幅最大，为 14.2%；消落期、汛期和蓄水期 6 站径流量均有所下降，降幅分别约为 5%、15% 和 10%。蓄水后的 2013～2017 年与蓄水前的 1992～2002 年相比，枯水期和消落期径流量增加，其中枯水期宜昌站、枝城站增幅达 40% 以上，螺山站、汉口站和大通站增幅约为 20%，消落期增幅均在 10% 以内；汛期和蓄水期径流量减小，减幅分别约为 20% 和 13%。蓄水后 2013～2017 年与 2003～2012 年相比，枯水期和消落期径流量明显增加，增幅最大分别为 34.6% 和 17.1%；汛期宜昌站、枝城站和沙市站 3 站减小约 11%，大通站增加 8.9%；蓄水期各站径流量变化浮动不大。

表 2.4　三峡水库蓄水前后长江中下游干流主要水文测站不同时期径流量变化幅度（单位：%）

水文测站	枯水期变化幅度			消落期变化幅度		
	T1 较 T0	T2 较 T0	T2 较 T1	T1 较 T0	T2 较 T0	T2 较 T1
宜昌站	7.0	44.1	34.6	-6.8	9.1	17.1
枝城站	14.2	49.0	30.5	-4.8	8.5	13.9
沙市站	9.7	37.0	24.9	-5.3	6.4	12.3
螺山站	-3.9	21.5	26.4	-5.3	7.1	13.1
汉口站	2.3	19.0	16.4	-3.4	6.1	9.8
大通站	-0.8	16.6	17.5	-3.9	9.3	13.7

水文测站	汛期变化幅度			蓄水期变化幅度		
	T1 较 T0	T2 较 T0	T2 较 T1	T1 较 T0	T2 较 T0	T2 较 T1
宜昌站	-11.1	-21.1	-11.3	-10.4	-12.0	-1.9
枝城站	-11.6	-22.2	-12.0	-8.8	-10.5	-1.9
沙市站	-11.4	-21.4	-11.3	-9.7	-12.3	-2.8
螺山站	-18.2	-17.8	0.5	-13.4	-13.2	0.2
汉口站	-15.7	-16.5	-0.9	-9.3	-11.3	-2.2
大通站	-19.2	-12.1	8.9	-15.4	-17.2	-2.2

注：T0 指 1992～2002 年；T1 指 2003～2012 年；T2 指 2013～2017 年。

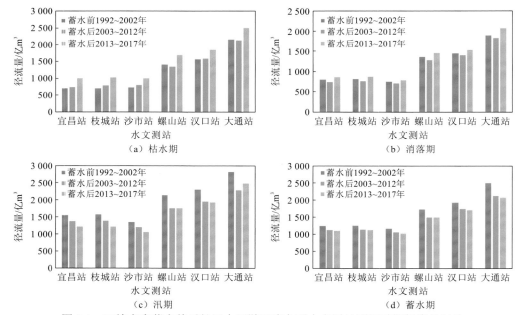

图 2.4　三峡水库蓄水前后长江中下游干流主要水文测站不同时期径流量对比

2. 输沙量

三峡水库蓄水前后长江中下游干流主要水文测站月输沙量变化见表 2.5。由表 2.5 可见：

蓄水前长江中下游干流悬移质泥沙主要集中在 6～10 月，输沙量占全年总量的 82%～92%；蓄水后的 2003～2017 年 6～10 月输沙量占全年总量的 69%～98%。分析月输沙量变化情况可知，宜昌站各月输沙量较蓄水前减少 85%～99%，汉口站各月输沙量减少 30%～80%，大通站除 1 月输沙量偏多 7% 外，其余各月输沙量减少 6%～76%。

表 2.5　三峡水库蓄水前后长江中下游干流主要水文测站月输沙量变化表

	项目	1 月	2 月	3 月	4 月	5 月	6 月	7 月	8 月	9 月	10 月	11 月	12 月
宜昌站	蓄水前/万 t	55.6	29.3	81.2	449	2 110	5 230	15 500	12 400	8 630	3 450	968	198
	蓄水后/万 t	5.3	4.25	5.51	9.91	34.4	126	1 370	1 090	839	72.8	12.3	5.95
	变化率/%	−90	−85	−93	−98	−98	−98	−91	−91	−90	−98	−99	−97
沙市站	蓄水前/万 t	115	80.9	124	329	1 160	3 960	11 100	9 410	5 550	2 610	824	208
	蓄水后/万 t	47.8	44.9	63.9	116	211	416	1 810	1 330	1 040	202	83.3	46.1
	变化率/%	−58	−44	−48	−65	−82	−89	−84	−86	−81	−92	−90	−78
螺山站	蓄水前/万 t	448	458	774	1 290	2 120	4 450	10 300	8 180	6 670	3 560	1 420	600
	蓄水后/万 t	214	214	416	520	711	879	1 840	1 510	1 260	468	381	244
	变化率/%	−52	−53	−46	−60	−66	−80	−82	−82	−81	−87	−73	−59
汉口站	蓄水前/万 t	316	295	537	999	1 930	3 920	9 550	7 630	6 330	3 500	1 300	478
	蓄水后/万 t	209	180	377	537	800	987	2 100	1 860	1 650	707	439	247
	变化率/%	−34	−39	−30	−46	−59	−75	−78	−76	−74	−80	−66	−48
大通站	蓄水前/万 t	276	257	667	1 290	2 110	3 890	9 660	7 540	6 620	3 850	1 450	514
	蓄水后/万 t	294	239	629	839	1 280	1 790	2 700	2 260	1 830	938	576	373
	变化率/%	7	−7	−6	−35	−39	−54	−72	−70	−72	−76	−60	−27

受三峡水库及其上游梯级水库群联合调度的影响，三峡水库下游来沙过程发生了较大变化，图 2.5 给出了主要水文测站蓄水前的 1992～2002 年、蓄水后的 2003～2012 年和 2013～2017 年长江中下游沿程 6 个水文站枯水期、消落期、汛期和蓄水期输沙量变化情况。可以看出：蓄水后的 2003～2012 年和 2013～2017 年与蓄水前的 1992～2002 年相比，枯水期、消落期、汛期和蓄水期输沙量整体呈下降趋势，随着河道冲刷泥沙补给，输沙量降幅沿程减小，其中，枯水期降幅由宜昌站的 90% 左右降至大通站的 10% 左右，消落期降幅由宜昌站的 98% 降至大通站的 35% 左右，汛期和蓄水期降幅由宜昌站的 90% 左右降至大通站的 65% 左右。蓄水后 2013～2017 年的输沙量与 2003～2012 年相比，除枯水期螺山站、汉口站和大通站 3 站增幅在 20% 以内和消落期大通站增幅为 10%，其他时期各站输沙量均减小，枯水期、消落期、汛期和蓄水期降幅分别为 14%～51%、8%～69%、25%～75% 和 41%～90%。

3. 含沙量

图 2.6 进一步给出了三峡水库蓄水前的 1992～2002 年、蓄水后的 2003～2012 年和 2013～2017 年长江中下游沿程 6 个水文站枯水期、消落期、汛期和蓄水期含沙量变化情况。与三峡水库蓄水前相比，蓄水后输沙量减小幅度显著大于径流量，含沙量的变化规律与输

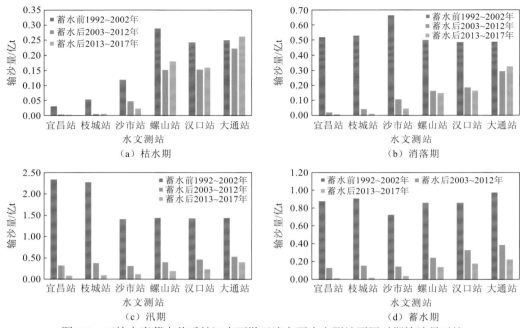

图 2.5　三峡水库蓄水前后长江中下游干流主要水文测站不同时期输沙量对比

沙量基本一致。可以看出：蓄水后较蓄水前枯水期、消落期、汛期和蓄水期各站含沙量均大幅减少，减小幅度分别为 10%～95%、38%～98%、54%～95%和 53%～98%；蓄水后的2013～2017 年与 2003～2012 年相比，枯水期、消落期、汛期和蓄水期各站含沙量均减小，枯水期、消落期、汛期和蓄水期减小幅度分别为 0～61%、3%～73%、31%～72%和 49%～90%，其中汛期及蓄水期含沙量减小幅度沿程减小。

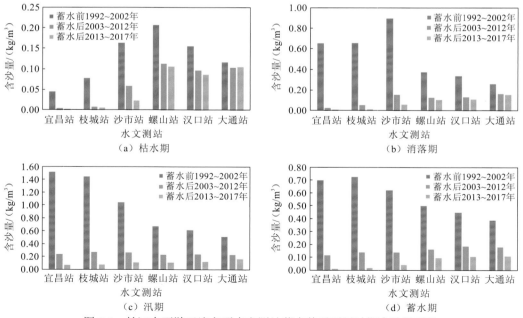

图 2.6　长江中下游干流主要水文测站蓄水前后不同时期含沙量对比

2.2　水位变化特征

2.2.1　水位变幅

以长江干流宜昌站、枝城站、沙市站和城陵矶站为代表，采用 1991 年以来长江中下游 4 个典型水文测站的观测数据，划分为 1991～2002 年、2003～2007 年及 2008～2017 年 3 个时段，计算长江中下游 4 个典型水文测站年最大水位变幅，对比分析三峡水库蓄水前后长江中下游水位变化情况。

1. 年最大水位变幅情况

表 2.6 和图 2.7 给出了三峡水库蓄水前后长江中下游典型水文测站年最大水位降幅变化。

表 2.6　三峡水库蓄水前后长江中下游典型水文测站年最大水位降幅统计表　　（单位：m）

年份	宜昌站			枝城站			沙市站			城陵矶站		
	最大 1 日	最大 2 日	最大 3 日	最大 1 日	最大 2 日	最大 3 日	最大 1 日	最大 2 日	最大 3 日	最大 1 日	最大 2 日	最大 3 日
1991	1.14	1.89	2.45	0.83	1.60	1.98	0.73	1.31	1.68	0.36	0.70	1.03
1992	1.03	2.01	2.87	0.87	1.64	2.38	0.99	1.29	1.92	0.36	0.70	1.03
1993	0.94	1.68	2.31	1.23	1.45	1.89	0.60	1.12	1.63	0.34	0.67	0.98
1994	0.90	1.72	2.30	0.73	1.37	2.00	0.57	1.12	1.58	0.35	0.70	1.05
1995	1.03	1.67	2.27	0.85	1.48	1.90	0.98	1.02	1.08	0.41	0.79	1.18
1996	0.92	1.69	2.54	0.77	1.44	1.97	0.68	1.33	1.86	0.40	0.78	1.14
1997	1.08	2.05	2.93	0.88	1.72	2.41	0.69	1.25	1.81	0.61	0.67	1.00
1998	0.96	1.92	2.64	0.79	1.53	2.17	0.61	1.19	1.54	0.44	0.85	1.26
1999	1.23	2.30	3.06	0.93	1.75	2.46	0.68	1.31	1.77	0.38	0.64	0.94
2000	0.96	1.91	2.70	0.85	1.61	2.31	0.68	1.27	1.78	0.39	0.69	1.03
2001	0.87	1.61	2.05	0.72	1.39	1.75	0.57	1.10	1.52	0.38	0.75	1.10
2002	1.00	1.83	2.47	0.76	1.43	1.86	0.60	1.16	1.57	0.40	0.78	1.16
2003	1.38	2.49	3.40	1.10	2.08	2.75	0.90	1.75	2.26	0.44	0.86	1.29
2004	1.42	2.71	3.39	0.98	1.84	2.65	0.87	1.65	2.20	0.31	0.62	0.91
2005	1.68	2.60	3.64	1.02	2.02	2.78	0.88	1.67	2.33	1.24	1.50	1.75
2006	1.25	1.89	2.58	0.74	1.42	1.96	0.66	1.19	1.65	0.33	0.61	0.84
2007	2.56	3.61	4.88	1.73	2.70	3.56	1.17	2.21	2.70	0.34	0.66	0.96
2008	1.53	2.80	3.87	1.12	2.13	2.77	1.07	2.04	2.90	0.54	1.08	1.61
2009	1.62	2.31	2.68	1.02	1.65	2.07	0.87	1.11	1.60	0.36	0.70	1.01
2010	2.57	3.14	3.48	1.61	2.30	2.45	0.97	1.56	1.82	0.41	0.79	1.15

续表

年份	宜昌站			枝城站			沙市站			城陵矶站		
	最大1日	最大2日	最大3日	最大1日	最大2日	最大3日	最大1日	最大2日	最大3日	最大1日	最大2日	最大3日
2011	1.35	2.59	3.39	1.12	1.95	2.61	1.06	1.69	2.34	0.36	0.70	1.03
2012	2.20	3.45	3.75	1.31	2.45	3.04	0.98	1.78	2.34	0.34	0.67	0.99
2013	1.30	2.23	3.04	1.04	1.79	2.47	0.85	1.44	2.16	0.54	1.06	1.52
2014	2.39	4.73	5.31	1.99	3.45	4.15	1.36	2.09	2.81	0.53	1.04	1.51
2015	1.72	2.28	2.37	1.32	1.52	1.80	1.02	1.95	2.34	0.49	0.96	1.39
2016	1.47	2.12	2.61	1.31	1.69	1.96	0.93	1.33	1.76	0.42	0.81	1.21
2017	3.10	5.24	5.88	1.95	3.72	4.38	1.42	2.28	2.98	0.39	0.74	1.08
1991~2002 年平均	1.01	1.86	2.55	0.85	1.53	2.09	0.70	1.21	1.65	0.40	0.73	1.08
2003~2007 年平均	1.66	2.66	3.58	1.11	2.01	2.74	0.90	1.69	2.23	0.53	0.85	1.15
2008~2017 年平均	1.93	3.09	3.64	1.38	2.27	2.77	1.05	1.73	2.31	0.44	0.86	1.25

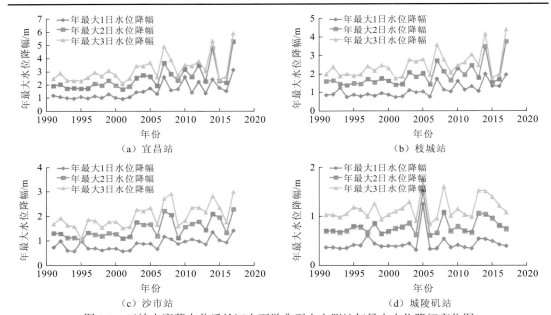

图 2.7　三峡水库蓄水前后长江中下游典型水文测站年最大水位降幅变化图

三峡水库蓄水后各站年最大水位降幅较蓄水前总体上呈持续增大趋势，如宜昌站在2003~2007 年及 2008~2017 年年最大 3 日水位降幅较蓄水前分别增大 40.4%、42.7%，城陵矶站在 2003~2007 年及 2008~2017 年年最大 3 日水位降幅较蓄水前分别增大 6.5%、15.7%；年最大水位降幅呈沿程递减趋势，如宜昌站、枝城站、沙市站和城陵矶站在 2008~2017 年年最大 1 日水位降幅较蓄水前分别增大 91.1%、62.4%、50%和 10%。

蓄水后的 2008~2017 年较 2003~2007 年各站年最大水位降幅显著增大，年最大水位降幅沿程递减，城陵矶站年最大 1 日水位降幅低于 2003~2007 年。

表 2.7 和图 2.8 给出了三峡水库蓄水前后长江中下游典型水文测站年最大水位涨幅变化。

表 2.7　三峡水库蓄水前后长江中下游典型水文测站年最大水位涨幅统计表　（单位：m）

年份	宜昌站			枝城站			沙市站			城陵矶站		
	最大 1 日	最大 2 日	最大 3 日	最大 1 日	最大 2 日	最大 3 日	最大 1 日	最大 2 日	最大 3 日	最大 1 日	最大 2 日	最大 3 日
1991	2.65	3.99	4.70	2.28	3.50	4.24	1.67	2.88	3.69	0.71	1.30	1.88
1992	2.22	3.76	4.53	1.96	3.11	3.88	1.50	2.33	2.83	0.79	1.51	2.05
1993	1.80	3.35	4.10	1.66	2.94	3.53	1.61	2.40	3.02	0.71	1.29	1.79
1994	2.71	3.02	3.83	2.00	2.83	2.94	1.68	2.77	2.96	0.75	1.45	1.82
1995	1.75	3.22	4.00	1.68	2.76	3.57	1.33	2.07	2.84	0.80	1.49	2.11
1996	2.31	3.59	4.25	1.98	3.06	3.86	1.78	2.66	3.67	1.09	2.02	2.68
1997	2.25	2.94	4.17	1.41	2.46	3.27	1.29	2.04	2.57	0.81	1.25	1.85
1998	2.25	2.94	4.17	1.77	2.24	3.67	1.51	2.50	3.09	0.82	1.61	2.38
1999	1.33	2.51	3.11	1.32	2.22	2.92	1.23	2.07	2.70	1.10	2.19	2.97
2000	1.65	2.64	3.06	1.35	2.34	2.81	1.14	2.03	2.62	0.69	1.21	1.63
2001	1.76	3.19	3.74	1.37	2.49	2.95	1.43	2.24	2.70	0.62	1.12	1.43
2002	1.89	2.75	3.37	1.72	2.30	2.77	1.50	2.10	2.48	0.62	1.18	1.62
2003	3.62	6.85	7.58	2.73	4.78	5.77	3.52	5.47	6.60	0.84	1.45	2.08
2004	2.55	4.88	6.03	2.06	3.86	4.96	1.69	3.22	4.34	0.63	1.23	1.74
2005	2.46	3.44	3.97	1.73	2.80	3.05	1.21	2.37	2.49	1.82	1.63	2.26
2006	2.50	2.97	3.70	1.52	2.14	2.56	1.21	2.04	2.94	0.74	1.39	1.80
2007	3.05	4.92	6.29	2.22	3.57	4.71	2.02	3.23	3.75	0.64	1.16	1.61
2008	2.65	3.85	4.64	1.89	2.93	3.54	1.47	2.76	3.67	0.88	1.75	2.57
2009	2.20	4.05	4.43	1.60	3.16	3.43	1.57	2.56	3.09	0.66	1.26	1.72
2010	2.14	2.60	2.57	1.34	1.99	2.03	0.87	1.40	1.80	0.70	1.28	1.77
2011	2.21	3.62	3.84	1.87	2.61	2.90	1.69	2.68	3.07	0.76	1.26	1.73
2012	2.17	3.33	4.31	1.76	2.60	3.51	1.30	2.02	2.96	0.65	1.20	1.71
2013	1.95	3.35	4.31	1.72	2.57	3.35	1.53	2.75	3.25	0.73	1.20	1.61
2014	2.66	2.89	4.31	1.96	2.41	3.16	1.17	2.28	3.09	1.22	2.09	2.86
2015	2.80	4.29	5.12	1.85	3.17	3.48	2.19	3.61	4.71	0.62	1.20	1.71
2016	1.80	3.36	3.45	1.40	2.37	2.68	1.39	2.33	2.30	0.70	1.29	1.81
2017	1.98	3.50	5.36	1.54	2.66	3.86	1.18	2.26	2.89	0.86	1.67	2.24
1991～2002 年平均	2.05	3.16	3.92	1.71	2.69	3.37	1.47	2.34	2.93	0.79	1.47	2.02
2003～2007 年平均	2.84	4.61	5.51	2.05	3.43	4.21	1.93	3.27	4.02	0.93	1.37	1.90
2008～2017 年平均	2.26	3.48	4.23	1.69	2.65	3.19	1.44	2.47	3.08	0.78	1.42	1.97

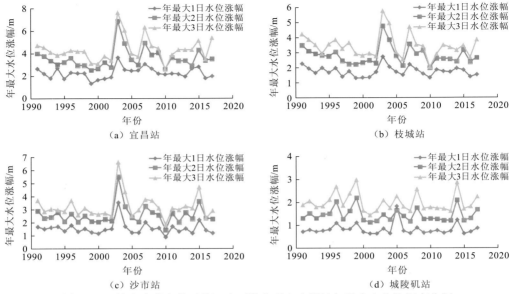

图 2.8　三峡水库蓄水前后长江中下游典型水文测站年最大水位涨幅变化图

　　三峡水库蓄水后各站年最大水位涨幅总体上呈先增大后减小趋势，在蓄水后的 2003～2007 年迅速增大，至 2008～2017 年减小，2003～2007 年宜昌站、枝城站、沙市站、城陵矶站年最大 1 日涨幅较蓄水前分别增大 38.5%、19.9%、31.3%、17.7%；2008～2017 年，除宜昌站外，其余各站年最大 1 日涨幅均减小至蓄水前年最大 1 日涨幅以下。

　　城陵矶站 2003～2007 年年最大 2 日、3 日水位涨幅较蓄水前有所减小，减小幅度分别为 6.8%、5.9%，至 2008～2017 年最大涨幅有所回升，较 2003～2007 年最大涨幅回升幅度分别为 3.6%、3.7%。

2. 月最大水位变幅情况

　　图 2.9 给出了典型年各月最大 1 日水位降幅，以最大 1 日水位降幅为对象分析月最大水位降幅变动情况，分析表明，2002 年各月最大水位降幅主要集中在 6～9 月，蓄水后月最大水位降幅主要集中在 6～7 月及 10～11 月。蓄水后各月最大水位降幅较 2002 年总体增大，宜昌站 2007 年及 2017 年月最大水位降幅较 2002 年分别增大 156%、210%，枝城站 2007 年及 2017 年月最大水位降幅较 2002 年分别增大 127.6%、156.6%。

　　月最大水位降幅总体呈沿程递减趋势，例如：2003 年，月最大水位降幅主要集中在 6 月及 9 月，其中 6 月宜昌站、枝城站、沙市站、城陵矶站月最大水位降幅分别为 1.09 m、0.73 m、0.77 m、0.22 m；2007 年，月最大水位降幅主要集中在 5～7 月，6 月宜昌站、枝城站、沙市站、城陵矶站月最大水位降幅分别为 2.56 m、1.73 m、1.17 m、0.25 m。

　　图 2.10 给出了典型年各月最大 1 日水位涨幅，以最大 1 日水位涨幅为对象分析月最大水位涨幅变动情况，分析表明，2002 年各月最大水位涨幅主要集中在 6～7 月，蓄水后月最大水位涨幅主要集中在 6 月及 9 月。蓄水后各月最大水位涨幅较 2002 年总体偏大，宜昌站 2007 年及 2017 年月最大水位涨幅较 2002 年分别增大 61.4%、4.8%，枝城站 2007 年月最大水位涨幅较 2002 年增大 29.1%，但 2017 年月最大水位涨幅较 2002 年反而减小 10.5%。

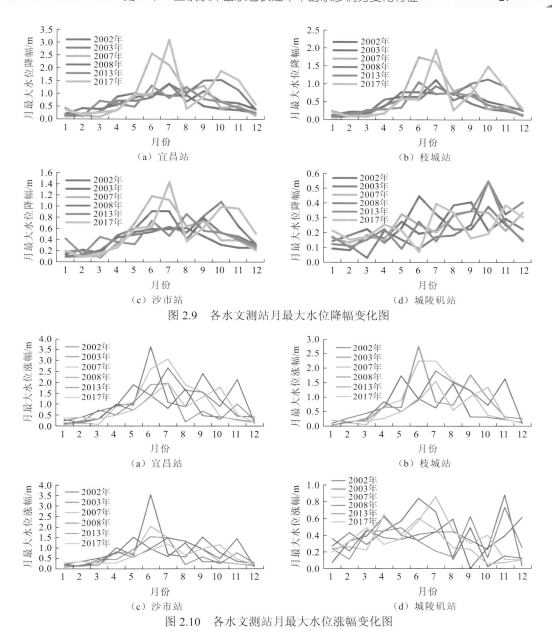

图 2.9 各水文测站月最大水位降幅变化图

图 2.10 各水文测站月最大水位涨幅变化图

月最大水位涨幅沿程递减，如 2007 年月最大水位涨幅主要集中在 6～7 月，其中 7 月宜昌站、枝城站、沙市站、城陵矶站月最大水位涨幅分别为 3.05 m、2.22 m、1.48 m、0.47 m。

3. 三峡水库蓄水后汛期及蓄水期最大水位降幅情况

蓄水后年最大水位降幅较蓄水前有所增大，月最大水位降幅主要集中在 6～7 月及 10～11 月，与汛期及蓄水期的时间较为重合，而汛期及蓄水期水位变化受梯级水库调度影响较大，因此，为进一步分析水位降幅在汛期及蓄水期的变化情况，表 2.8 和表 2.9 统计了蓄水前后典型水文测站汛期（统计时间为 6～9 月）及蓄水期（统计时间为 10～11 月）的最大水位降幅。宜昌站汛期及蓄水期最大 3 日水位降幅对应的发生时间及流量降幅见表 2.10。

表 2.8　　2003 年以来长江中下游典型水文测站 6～9 月最大水位降幅统计表　　（单位：m）

年份	宜昌站			枝城站			沙市站			城陵矶站		
	最大1日	最大2日	最大3日	最大1日	最大2日	最大3日	最大1日	最大2日	最大3日	最大1日	最大2日	最大3日
2003	1.38	2.49	3.40	1.10	2.08	2.75	0.90	1.75	2.26	0.44	0.86	1.29
2004	1.23	2.38	3.39	0.91	1.81	2.65	0.78	1.51	2.20	0.31	0.62	0.91
2005	1.68	2.60	3.64	1.02	2.02	2.78	0.88	1.67	2.33	1.01	1.26	1.50
2006	0.95	1.89	2.58	0.74	1.42	1.96	0.61	1.18	1.52	0.29	0.57	0.83
2007	2.56	3.61	4.88	1.73	2.70	3.56	1.17	2.21	2.70	0.34	0.64	0.92
2008	1.50	2.46	3.50	1.00	1.85	2.61	0.82	1.43	2.02	0.25	0.48	0.71
2009	1.62	2.31	2.68	1.02	1.65	2.07	0.87	1.11	1.60	0.30	0.57	0.82
2010	2.57	3.14	3.48	1.61	2.30	2.45	0.97	1.56	1.82	0.27	0.49	0.68
2011	1.35	2.59	3.39	1.12	1.95	2.61	1.06	1.69	2.34	0.36	0.70	1.03
2012	2.20	3.45	3.75	1.31	2.45	3.04	0.98	1.78	2.34	0.26	0.51	0.74
2013	1.30	2.23	3.04	1.04	1.79	2.47	0.85	1.44	2.16	0.34	0.64	0.96
2014	2.39	4.73	5.31	1.99	3.45	4.15	1.36	2.09	2.81	0.30	0.59	0.86
2015	1.72	2.28	1.11	1.32	1.52	1.80	0.99	1.95	2.34	0.49	0.96	1.39
2016	1.47	2.12	2.61	1.31	1.69	1.96	0.93	1.33	1.76	0.42	0.81	1.21
2017	3.10	5.24	5.88	1.95	3.72	4.38	1.42	2.28	2.98	0.39	0.74	1.08
2003～2007 年平均	1.56	2.59	3.58	1.10	2.01	2.74	0.87	1.66	2.20	0.48	0.79	1.09
2008～2017 年平均	1.92	3.06	3.48	1.37	2.24	2.75	1.03	1.67	2.22	0.34	0.65	0.95

表 2.9　　2003 年以来长江中下游典型水文测站 10～11 月最大水位降幅统计表　　（单位：m）

年份	宜昌站			枝城站			沙市站			城陵矶站		
	最大1日	最大2日	最大3日	最大1日	最大2日	最大3日	最大1日	最大2日	最大3日	最大1日	最大2日	最大3日
2003	0.68	1.12	1.50	0.50	0.93	1.25	0.51	0.86	1.13	0.37	0.70	1.00
2004	1.13	1.09	1.49	0.42	0.84	1.00	0.52	0.83	1.11	0.27	0.53	0.78
2005	1.10	1.87	2.50	0.80	1.45	1.76	0.63	1.22	1.54	1.87	1.87	1.75
2006	1.02	1.45	1.67	0.67	0.99	1.14	0.52	1.04	1.12	0.33	0.60	0.82
2007	0.51	0.85	1.24	0.38	0.64	0.85	0.38	0.68	0.95	0.33	0.63	0.92
2008	1.53	2.80	3.87	1.12	2.13	2.77	1.07	2.04	2.90	0.54	1.08	1.61
2009	0.36	0.55	0.72	0.28	0.38	0.49	0.54	0.76	0.91	0.36	0.70	1.01
2010	1.14	1.91	2.04	0.66	1.32	1.44	0.86	1.42	1.69	0.41	0.79	1.15
2011	1.19	2.05	2.61	0.82	1.39	1.96	0.78	1.47	1.94	0.36	0.69	0.99

续表

年份	宜昌站			枝城站			沙市站			城陵矶站		
	最大1日	最大2日	最大3日	最大1日	最大2日	最大3日	最大1日	最大2日	最大3日	最大1日	最大2日	最大3日
2012	0.73	1.19	1.31	0.50	0.84	1.04	0.59	0.97	1.19	0.34	0.67	0.99
2013	0.61	1.10	1.31	0.41	0.71	0.85	0.52	1.03	1.38	0.54	1.06	1.52
2014	1.24	1.88	2.45	1.14	1.55	1.76	0.99	1.55	1.97	0.53	1.04	1.51
2015	1.21	1.74	2.25	0.68	1.20	1.51	1.02	1.60	2.14	0.35	0.69	1.01
2016	0.84	1.54	1.67	0.53	0.99	1.16	0.66	1.26	1.60	0.29	0.57	0.82
2017	1.53	1.96	2.36	1.03	1.29	1.75	0.98	1.58	1.89	0.38	0.71	1.08
2003~2007 年平均	0.89	1.28	1.68	0.55	0.97	1.20	0.51	0.93	1.17	0.63	0.87	1.05
2008~2017 年平均	1.04	1.67	2.06	0.72	1.18	1.47	0.80	1.37	1.76	0.41	0.80	1.17

表 2.10　宜昌站汛期及蓄水期最大 3 日水位降幅对应时间及流量降幅统计表

年份	汛期			蓄水期		
	最大 3 日水位降幅/m	对应时间	流量降幅/（m^3/s）	最大 3 日水位降幅/m	对应时间	流量降幅/（m^3/s）
2003	3.40	7 月 22 日	16 300	1.50	10 月 6 日	5 300
2004	3.39	9 月 11 日	19 400	1.49	11 月 30 日	2 700
2005	3.64	7 月 12 日	18 700	2.50	10 月 6 日	11 100
2006	2.58	9 月 12 日	7 100	1.67	11 月 2 日	3 690
2007	4.88	6 月 23 日	20 100	1.24	11 月 2 日	2 460
2008	3.50	9 月 15 日	12 500	3.87	10 月 17 日	6 990
2009	2.68	7 月 1 日	8 200	0.72	11 月 8 日	1 320
2010	3.48	7 月 29 日	14 600	2.04	11 月 4 日	4 180
2011	3.39	9 月 25 日	8 700	2.61	11 月 11 日	6 700
2012	3.75	8 月 22 日	12 800	1.31	10 月 16 日	3 300
2013	3.04	6 月 12 日	9 200	1.31	10 月 7 日	2 790
2014	5.31	9 月 21 日	20 200	2.45	10 月 9 日	6 300
2015	1.11	9 月 24 日	3 000	2.25	11 月 5 日	5 500
2016	2.61	7 月 6 日	8 200	1.67	11 月 17 日	3 810
2017	5.88	7 月 1 日	16 950	2.36	10 月 17 日	7 500

　　2008~2017 年各站（城陵矶站除外）汛期及蓄水期最大水位降幅总体上大于 2003~2007 年，且呈沿程递减趋势，汛期最大水位降幅主要出现在 7 月上旬及 9 月中下旬，蓄水期最大水位降幅主要出现在 10 月上旬及 11 月上旬，除城陵矶站外各站汛期水位降幅明显大于蓄水期，尤其是 2014 年及 2017 年受防汛调度的影响，汛期流量短期迅速下降，宜昌站水位随之迅速下降,最大 3 日水位降幅分别达 5.31 m（9 月 21 日,流量降幅为 20 200 m^3/s）及 5.88 m（7 月 1 日，流量降幅为 16 950 m^3/s）。

2.2.2　水面比降变化特征

1. 水面比降计算数据及方法

三峡水库蓄水后，沿程各站同流量下水位降幅不一致，势必造成水面比降的变化。本书主要研究长江中游各站蓄水前后水面比降变化。

采用 1981 年以来（部分水位站的数据自 1986 年、1988 年起，以统计表中的时段为准）共计 8 个水文测站、12 个水位站的观测数据，划分为 1981～2002 年和 2003～2016 年两个时段，统计分析相邻的两个控制站之间的水面比降的汛期、非汛期和多年平均值，以及月平均水面比降值，长江中游水面比降分段计算及水文测站、水位站分布情况如图 2.11 所示。

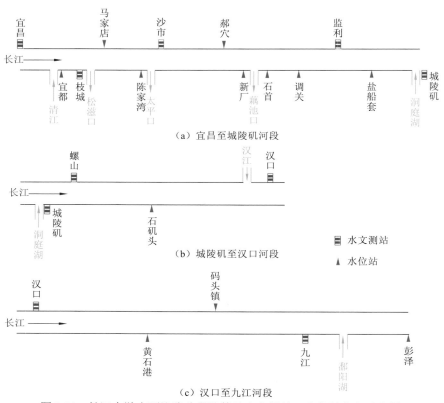

图 2.11　长江中游水面比降分段计算及水文测站、水位站分布示意图

2. 宜昌至城陵矶河段水面比降变化

1）多年平均水面比降

宜昌至城陵矶河段分汇流口门较多，河网结构较为复杂，且河道、航道整治工程分布较多，尤其是下荆江河段先后发生了多次人工和自然裁弯，对河道水面比降的影响较大。

三峡水库蓄水前，宜昌至城陵矶河段年平均水面比降为 4.58×10^{-5}，年内汛期与非汛期相差较小。分段来看，宜昌至枝城河段年均、汛期平均和非汛期平均水面比降分别为 $4.19×10^{-5}$、$5.05×10^{-5}$ 和 $3.29×10^{-5}$，汛期显著大于非汛期，其主要原因为非汛期水位变化受到河床形态的影响更显著，而该河段存在一些高程较高的控制节点，对水位有一定的卡口效应。尤其是枝城至马家店河段含长江中游著名的坡陡流急区（芦家河河段），该河段多年平均水面比降为 $7.44×10^{-5}$，是长江中游水面比降最大的河段（表 2.11）。上荆江枝城至新厂河段年均、汛期平均和非汛期平均水面比降分别为 $5.32×10^{-5}$、$5.24×10^{-5}$ 和 $5.41×10^{-5}$，年内变化较小；下荆江新厂至城陵矶河段年均、汛期平均和非汛期平均水面比降分别为 $4.03×10^{-5}$、$3.80×10^{-5}$ 和 $4.26×10^{-5}$，该河段受洞庭湖出流的顶托作用，水面比降较上荆江偏小。

表 2.11　1981～2002 年宜昌至城陵矶各河段水面比降特征值表

河段	统计年份	汛期水面比降/10^{-4}		非汛期水面比降/10^{-4}		多年平均水面比降/10^{-4}
		范围	变幅	范围	变幅	
宜昌至宜都河段	1988～2002	0.433～0.529	0.096	0.297～0.419	0.122	0.419
宜都至枝城河段	1988～2002	0.429～0.571	0.142	0.245～0.390	0.145	0.410
枝城至马家店河段	1982～2002	0.637～0.685	0.048	0.733～0.900	0.167	0.744
马家店至陈家湾河段	1982～2002	0.501～0.597	0.096	0.452～0.490	0.038	0.512
陈家湾至沙市河段	1981～2002	0.359～0.471	0.112	0.510～0.598	0.088	0.492
沙市至郝穴河段	1981～2002	0.426～0.476	0.050	0.382～0.407	0.025	0.425
郝穴至新厂河段	1981～2002	0.440～0.531	0.091	0.537～0.614	0.077	0.533
新厂至石首河段	1981～2002	0.420～0.570	0.150	0.563～0.665	0.102	0.560
石首至调关河段	1981～2002	0.446～0.465	0.019	0.430～0.485	0.055	0.460
调关至监利河段	1981～2002	0.329～0.400	0.071	0.380～0.492	0.112	0.408
监利至盐船套河段	1985～2002	0.327～0.413	0.086	0.303～0.468	0.165	0.379
盐船套至城陵矶河段	1985～2002	0.286～0.328	0.042	0.264～0.393	0.129	0.325

注：汛期统计时段为 5～10 月；非汛期统计时段为 11～12 月及 1～4 月，下同。

三峡水库蓄水后，长江中游沿程枯水位均有不同幅度的下降，因为降幅存在差异，同时受水文过程整体偏枯及年内流量过程坦化等多种因素的影响，总体而言，宜昌至城陵矶河段水面比降较蓄水前有所减小，年均水面比降变化以沙市为界，宜昌至沙市河段除宜都至枝城河段有所减小外，其余河段水面比降均有所增大（表 2.12），年均、汛期和非汛期的平均水面比降分别为 $4.45×10^{-5}$、$4.40×10^{-5}$ 和 $4.50×10^{-5}$。分段来看：宜昌至枝城河段年均、汛期和非汛期的平均水面比降分别为 $3.89×10^{-5}$、$2.87×10^{-5}$ 和 $4.89×10^{-5}$，非汛期宜昌站水位降幅大于枝城站是该河段水面比降下降的主要原因，如 2015 年相较于 2002 年，7 000 m³/s 流量下宜昌站和枝城站枯水位分别下降 0.85 m 和 0.59 m。上荆江枝城至新厂河段年均、汛期和非汛期的平均水面比降分别为 5.37×10^{-5}、4.99×10^{-5} 和 5.77×10^{-5}，该河段非汛期水面比降变化与上游宜昌至枝城河段刚好相反，下游水位下降幅度超过上游，使得其水面比降相较于蓄水前增大。下荆江新厂至城陵矶河段年均、汛期和非汛期的平均水面比降分别为 3.79×10^{-5}、3.68×10^{-5} 和 3.89×10^{-5}，也是非汛期的水面比降变化幅度最大，且较蓄水前有所减小，主要原因在于上游河道的水位降幅大于下游，水面比降也出现调平的现象。另外，三峡水库蓄水后，坡陡流急段（芦家河河段）水面比降进一步加大，枝城至马家店河段水面比降年均值增大至 8.08×10^{-5}。

表 2.12　2003～2016 年宜昌至城陵矶各河段水面比降特征值表

河段	间距/km	汛期水面比降/10^{-4}		非汛期水面比降/10^{-4}		多年平均水面比降/10^{-4}
		范围	变幅	范围	变幅	
宜昌至宜都河段	38.7	0.436～0.657	0.221	0.370～0.544	0.174	0.454
宜都至枝城河段	19.2	0.221～0.560	0.339	0.169～0.423	0.254	0.257
枝城至马家店河段	34.5	0.621～0.759	0.138	0.780～0.881	0.101	0.808
马家店至陈家湾河段	38.0	0.517～0.566	0.049	0.533～0.588	0.055	0.570
陈家湾至沙市河段	16.8	0.380～0.488	0.108	0.432～0.525	0.093	0.495
沙市至郝穴河段	54.3	0.340～0.431	0.091	0.341～0.402	0.061	0.386
郝穴至新厂河段	15.1	0.338～0.431	0.093	0.369～0.484	0.115	0.429
新厂至石首河段	19.9	0.353～0.487	0.134	0.387～0.539	0.152	0.462
石首至调关河段	32.3	0.342～0.430	0.088	0.328～0.398	0.070	0.365
调关至监利河段	36.2	0.299～0.408	0.109	0.283～0.405	0.122	0.350
监利至盐船套河段	34.4	0.316～0.420	0.104	0.313～0.425	0.112	0.355
盐船套至城陵矶河段	49.8	0.295～0.433	0.138	0.326～0.449	0.123	0.392

2）月平均水面比降

从宜昌至城陵矶河段水面比降年内变化来看，宜昌至枝城河段存在多处控制节点，卡口效应下汛期水面比降大于非汛期，枝城至城陵矶河段则相反，总体表现为非汛期大、汛期小，但年内变幅变化不大，尤其是主汛期 7 月和 8 月水面比降十分接近。从 1981～2002 年月均水面比降来看，水面比降仍以枝城至马家店河段最大，其年内非汛期月平均水面比降在 7.33×10^{-5}～9.00×10^{-5}，汛期月平均水面比降为 6.37×10^{-5}～6.85×10^{-5}。上荆江沙质河床段以郝穴至新厂河段水面比降最大，其年内非汛期月平均水面比降在 5.37×10^{-5}～6.14×10^{-5}，汛期月平均水面比降为 4.40×10^{-5}～5.31×10^{-5}。下荆江以新厂至石首河段水面比降最大，其年内非汛期月平均水面比降为 5.63×10^{-5}～6.65×10^{-5}，汛期月平均水面比降为 4.20×10^{-5}～5.70×10^{-5}（表 2.13）。

表 2.13　1981～2002 年宜昌至城陵矶各河段月平均水面比降表　　（单位：10^{-4}）

河段	1月	2月	3月	4月	5月	6月	7月	8月	9月	10月	11月	12月
宜昌至宜都河段	0.313	0.297	0.322	0.360	0.433	0.493	0.529	0.522	0.503	0.484	0.419	0.355
宜都至枝城河段	0.259	0.245	0.270	0.347	0.429	0.518	0.571	0.549	0.532	0.488	0.390	0.307
枝城至马家店河段	0.879	0.900	0.859	0.772	0.673	0.637	0.648	0.652	0.674	0.685	0.733	0.822
马家店至陈家湾河段	0.462	0.479	0.488	0.490	0.501	0.539	0.597	0.570	0.561	0.531	0.473	0.452
陈家湾至沙市河段	0.594	0.598	0.566	0.521	0.468	0.428	0.359	0.400	0.434	0.471	0.510	0.569
沙市至郝穴河段	0.382	0.385	0.389	0.404	0.426	0.454	0.476	0.469	0.464	0.454	0.407	0.383
郝穴至新厂河段	0.608	0.614	0.586	0.537	0.498	0.487	0.440	0.465	0.484	0.531	0.566	0.581
新厂至石首河段	0.665	0.662	0.620	0.563	0.527	0.490	0.420	0.476	0.519	0.570	0.593	0.630
石首至调关河段	0.485	0.477	0.450	0.430	0.446	0.455	0.448	0.459	0.461	0.465	0.466	0.475
调关至监利河段	0.491	0.454	0.414	0.380	0.380	0.350	0.329	0.364	0.377	0.400	0.452	0.492
监利至盐船套河段	0.436	0.387	0.334	0.303	0.327	0.348	0.354	0.374	0.394	0.413	0.438	0.468
盐船套至城陵矶河段	0.388	0.364	0.306	0.264	0.286	0.297	0.303	0.313	0.325	0.328	0.342	0.393

与三峡水库蓄水前相比，三峡水库蓄水后，除宜昌至宜都河段、枝城至马家店河段、马家店至陈家湾河段、陈家湾至沙市河段及盐船套至城陵矶河段月平均水面比降以增大为主外，其他河段都以减小为主（表 2.14），与多年平均水面比降变化的规律基本一致，影响因素也大致相同。

表 2.14　2003～2016 年宜昌至城陵矶各河段月平均水面比降表　　（单位：10^{-4}）

河段	1月	2月	3月	4月	5月	6月	7月	8月	9月	10月	11月	12月
宜昌至宜都河段	0.326	0.321	0.338	0.387	0.483	0.540	0.632	0.600	0.580	0.478	0.418	0.342
宜都至枝城河段	0.131	0.128	0.144	0.187	0.278	0.349	0.462	0.426	0.388	0.265	0.194	0.128
枝城至马家店河段	0.969	0.987	0.956	0.875	0.731	0.667	0.637	0.647	0.676	0.765	0.839	0.954
马家店至陈家湾河段	0.604	0.616	0.607	0.583	0.545	0.534	0.552	0.544	0.552	0.547	0.561	0.602
陈家湾至沙市河段	0.601	0.601	0.564	0.513	0.442	0.407	0.391	0.408	0.429	0.485	0.524	0.584
沙市至郝穴河段	0.309	0.310	0.309	0.313	0.308	0.314	0.360	0.348	0.346	0.308	0.302	0.304
郝穴至新厂河段	0.497	0.501	0.466	0.434	0.389	0.375	0.398	0.397	0.405	0.424	0.435	0.473
新厂至石首河段	0.517	0.504	0.461	0.446	0.406	0.373	0.413	0.436	0.468	0.489	0.488	0.513
石首至调关河段	0.337	0.330	0.319	0.332	0.354	0.365	0.406	0.409	0.422	0.394	0.370	0.337
调关至监利河段	0.368	0.352	0.316	0.318	0.329	0.323	0.332	0.344	0.365	0.395	0.387	0.368
监利至盐船套河段	0.389	0.377	0.336	0.321	0.310	0.300	0.333	0.345	0.373	0.392	0.392	0.397
盐船套至城陵矶河段	0.467	0.451	0.368	0.337	0.314	0.299	0.342	0.365	0.403	0.441	0.442	0.471

3. 城陵矶至汉口河段水面比降变化

1）多年平均水面比降

相较于上游宜昌至城陵矶河段，城陵矶至汉口河段水面比降整体偏小，三峡水库蓄水前，该河段年均、汛期和非汛期平均水面比降分别为 2.58×10^{-5}、2.55×10^{-5} 和 2.61×10^{-5}，受河道内控制节点分布较多的影响，汛期水面比降略小于非汛期。分段来看，城陵矶至螺山河段水面比降最大，越往下游水面比降及年内的变幅均越小（表 2.15）。

表 2.15　1981～2002 年城陵矶至汉口各河段水面比降特征值表

河段	间距/km	统计年份	汛期水面比降/10⁻⁴		非汛期水面比降/10⁻⁴		多年平均水面比降/10⁻⁴
			范围	变幅	范围	变幅	
城陵矶至螺山河段	29	1981～2002	0.333～0.434	0.101	0.352～0.467	0.115	0.406
螺山至石矶头河段	69	1986～2002	0.234～0.271	0.037	0.234～0.287	0.053	0.251
石矶头至汉口河段	140	1986～2002	0.227～0.249	0.022	0.222～0.244	0.022	0.235

三峡水库蓄水后，该河段上段冲刷量较小，下段冲刷量较大，同流量下，汉口站水位降幅大于螺山站，因而该段水面比降相较于蓄水前有所增加，年均、汛期和非汛期平均水面比降分别增至 2.68×10^{-5}、2.64×10^{-5} 和 2.73×10^{-5}，且各分段的水面比降基本呈增大的特征（表 2.16）。

表 2.16　2003～2016 年城陵矶至汉口各河段水面比降特征值表

河段	间距/km	汛期水面比降/10⁻⁴		非汛期水面比降/10⁻⁴		多年平均水面比降/10⁻⁴
		范围	变幅	范围	变幅	
城陵矶至螺山河段	29	0.350～0.437	0.087	0.369～0.464	0.095	0.421
螺山至石矶头河段	69	0.247～0.281	0.034	0.253～0.290	0.037	0.278
石矶头至汉口河段	140	0.223～0.245	0.022	0.222～0.242	0.020	0.232

2）月平均水面比降

城陵矶至汉口河段年内水面比降变幅较小，三峡水库蓄水前 1981～2002 年，石矶头以上汛期水面比降小于非汛期，石矶头至汉口河段受汉江顶托作用的影响，汛期水面比降略大于非汛期（表 2.17）。三峡水库蓄水后，年内各河段水面比降的变化规律与蓄水前基本一致，城陵矶至螺山河段、螺山至石矶头河段，各月平均水面比降以增长为主，且非汛期增幅大于汛期，石矶头至汉口河段水面比降则以减小为主（表 2.18）。

表 2.17　1981～2002 年城陵矶至汉口各河段月平均水面比降表　　　　（单位：10⁻⁴）

河段	1月	2月	3月	4月	5月	6月	7月	8月	9月	10月	11月	12月
城陵矶至螺山河段	0.459	0.465	0.444	0.426	0.403	0.387	0.362	0.357	0.365	0.378	0.398	0.429
螺山至石矶头河段	0.262	0.265	0.260	0.252	0.249	0.249	0.242	0.243	0.243	0.246	0.245	0.253
石矶头至汉口河段	0.229	0.229	0.230	0.230	0.233	0.236	0.249	0.247	0.243	0.236	0.230	0.230

注：表中各区间的统计时段同表 2.15。

表 2.18　2003～2016 年城陵矶至汉口各河段月平均水面比降表　　（单位：10^{-4}）

河段	1 月	2 月	3 月	4 月	5 月	6 月	7 月	8 月	9 月	10 月	11 月	12 月
城陵矶至螺山河段	0.466	0.465	0.447	0.437	0.426	0.404	0.384	0.376	0.386	0.399	0.426	0.438
螺山至石矶头河段	0.298	0.302	0.288	0.283	0.277	0.267	0.264	0.262	0.265	0.263	0.276	0.286
石矶头至汉口河段	0.228	0.229	0.229	0.232	0.236	0.234	0.241	0.238	0.237	0.227	0.231	0.224

4. 汉口至九江河段水面比降变化

1）多年平均水面比降

长江中下游水面比降越往下游越小，因而汉口至九江河段水面比降较上游城陵矶至汉口河段偏小。三峡水库蓄水前，该河段年均、汛期和非汛期的多年平均水面比降分别为 1.94×10^{-5}、2.04×10^{-5} 和 1.84×10^{-5}，受鄱阳湖出湖水流顶托作用，非汛期水面比降较汛期偏小。分段来看，码头镇至九江河段水面比降最小，其他各河段相差不大（表 2.19）。三峡水库蓄水后，下游张家洲河段冲刷强度较大，该河段水面比降相较于蓄水前增大，年均、汛期和非汛期的多年平均水面比降分别为 2.08×10^{-5}、2.16×10^{-5} 和 2.00×10^{-5}，非汛期的增幅最为明显。分段来看，码头镇以上水面比降增大明显，码头镇以下则以减小为主（表 2.20）。

表 2.19　1981～2002 年汉口至九江各河段水面比降特征值表

河段	间距/km	汛期水面比降/10^{-4}		非汛期水面比降/10^{-4}		多年平均水面比降/10^{-4}
		范围	变幅	范围	变幅	
汉口至黄石港河段	147	0.170～0.212	0.042	0.174～0.217	0.043	0.193
黄石港至码头镇河段	64.6	0.233～0.295	0.062	0.195～0.236	0.041	0.222
码头镇至九江河段	58.4	0.151～0.197	0.046	0.151～0.191	0.040	0.169

表 2.20　2003～2016 年汉口至九江各河段水面比降特征值表

河段	间距/km	汛期水面比降/10^{-4}		非汛期水面比降/10^{-4}		多年平均水面比降/10^{-4}
		范围	变幅	范围	变幅	
汉口至黄石港河段	147	0.195～0.222	0.027	0.192～0.228	0.036	0.210
黄石港至码头镇河段	64.6	0.253～0.302	0.049	0.221～0.275	0.054	0.255
码头镇至九江河段	58.4	0.129～0.193	0.064	0.124～0.186	0.062	0.166

2）月平均水面比降

从水面比降的年内变化来看，除汉口至黄石港河段汛期水面比降较非汛期偏小以外，各河段汛期水面比降均大于非汛期，主要与江湖汇流的顶托效应有关。三峡水库蓄水前后这一规律没有发生变化，近年来水面比降的变幅有所减小，汛期和非汛期的水面比降更加接近（表 2.21 和表 2.22）。

表 2.21　1981～2002 年汉口至九江各河段月平均水面比降表　　　　（单位：10^{-4}）

河段	1 月	2 月	3 月	4 月	5 月	6 月	7 月	8 月	9 月	10 月	11 月	12 月
汉口至黄石港河段	0.199	0.198	0.193	0.187	0.189	0.188	0.183	0.190	0.193	0.194	0.198	0.200
黄石港至码头镇河段	0.164	0.161	0.165	0.177	0.208	0.242	0.313	0.294	0.283	0.254	0.212	0.180
码头镇至九江河段	0.172	0.164	0.151	0.142	0.158	0.170	0.176	0.177	0.179	0.180	0.180	0.176

表 2.22　2003～2016 年汉口至九江各河段月平均水面比降表　　　　（单位：10^{-4}）

河段	1 月	2 月	3 月	4 月	5 月	6 月	7 月	8 月	9 月	10 月	11 月	12 月
汉口至黄石港河段	0.214	0.210	0.202	0.206	0.207	0.204	0.212	0.215	0.217	0.210	0.216	0.208
黄石港至码头镇河段	0.207	0.199	0.200	0.213	0.237	0.255	0.297	0.284	0.278	0.246	0.240	0.215
码头镇至九江河段	0.164	0.159	0.150	0.153	0.163	0.159	0.174	0.174	0.183	0.172	0.178	0.162

2.3　水位-流量变化特征

2.3.1　中高流量下的水位-流量变化特征

利用长江中下游沿程宜昌站、枝城站、沙市站、螺山站、汉口站和大通站共 6 个水文站 2003 年以来的实测日均流量和日均水位资料，分析三峡水库蓄水后长江中下游沿程各站水位-流量关系和不同流量下水位的变化过程，具体变化过程如图 2.12 所示，可以得出以下结论。

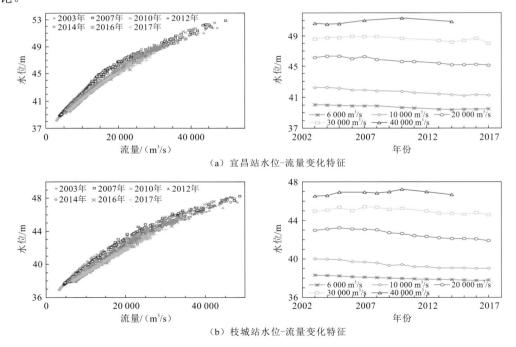

（a）宜昌站水位-流量变化特征

（b）枝城站水位-流量变化特征

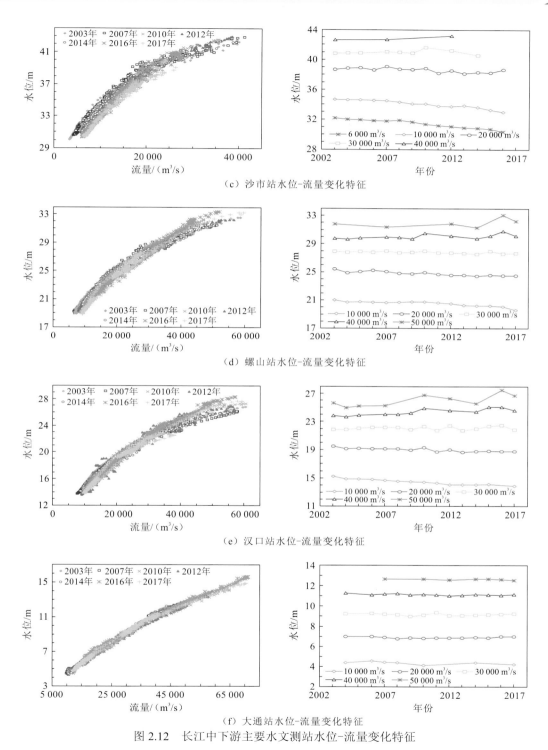

（c）沙市站水位-流量变化特征

（d）螺山站水位-流量变化特征

（e）汉口站水位-流量变化特征

（f）大通站水位-流量变化特征

图 2.12　长江中下游主要水文测站水位-流量变化特征

（1）宜昌站 2003 年以来流量在 35 000 m³/s 以下水位整体呈下降趋势，与 2003 年相比，2017 年 25 000 m³/s、30 000 m³/s 和 35 000 m³/s 流量下水位分别下降 0.86 m、0.60 m

和 0.09 m，40 000 m^3/s 流量下水位整体变化不大。

（2）枝城站 2003 年以来流量在 35 000 m^3/s 以下水位整体呈下降趋势，与 2003 年相比，2017 年 25 000 m^3/s、30 000 m^3/s 和 35 000 m^3/s 流量下水位分别下降 0.74 m、0.38 m 和 0.09 m，40 000 m^3/s 流量下水位整体变化不大。

（3）沙市站 2003 年以来流量在 25 000 m^3/s、30 000 m^3/s 和 35 000 m^3/s 以下水位整体呈下降趋势，与 2003 年相比，2014 年 30 000 m^3/s 和 35 000 m^3/s 流量下水位分别下降 0.20 m 和 0.25 m，2016 年 25 000 m^3/s 流量下水位升高 0.56 m，40000 m^3/s 流量下水位未发生明显的变化。

（4）螺山站 2003 年以来流量在 30 000 m^3/s 以下水位下降，与 2003 年相比，2017 年水位下降 0.23 m；受 2016 年支流长历时、大流量的集中洪水和干流洪水的双重影响，35 000 m^3/s、40 000 m^3/s 和 50 000 m^3/s 流量下水位出现 2003 年以来的最大值，2017 年水位有所下降，整体来看，大流量下水位未发生明显的变化。

（5）汉口站 30 000 m^3/s 流量以下水位整体变化不大；受 2016 年支流长历时、大流量的集中洪水和干流洪水的双重影响，洪水下泄不畅，40 000 m^3/s 和 50 000 m^3/s 流量下水位出现 2003 年以来的最大值，这与汉口站下游支流府澴河突发的大洪水与干流洪水遭遇造成严重洪水顶托密切相关；2017 年水位有所下降，整体来看，大流量下水位未发生明显的变化。

（6）大通站 2003 年以来各流量下水位基本不变。

2.3.2　中枯流量下的水位-流量变化特征

由图 2.12 中枯流量下的水位-流量变化过程分析，可以得出以下结论。

（1）宜昌站 20 000 m^3/s 流量以下水位整体呈下降趋势，2017 年 6 000 m^3/s、10 000 m^3/s、15 000 m^3/s 和 20 000 m^3/s 流量下水位较 2003 年分别下降 0.57 m、0.99 m、1.11 m 和 1.04 m。

（2）枝城站 20 000 m^3/s 流量以下水位整体呈下降趋势，2017 年 6 000 m^3/s、10 000 m^3/s、15 000 m^3/s 和 20 000 m^3/s 流量下水位较 2003 年分别下降 0.40 m、0.41 m、0.50 m 和 1.01 m，流量越大，水位降幅越大。

（3）沙市站 15 000 m^3/s 流量以下水位整体呈下降趋势，2016 年 6 000 m^3/s、10 000 m^3/s 和 15 000 m^3/s 流量下水位较 2003 年分别下降 1.82 m、1.72 m 和 0.94 m；20 000 m^3/s 流量下水位呈波动变化但变化不大。

（4）螺山站 25 000 m^3/s 流量以下水位整体呈下降趋势，2017 年 10 000 m^3/s、15 000 m^3/s、20 000 m^3/s 和 25 000 m^3/s 流量下水位较 2003 年分别下降 1.41 m、1.05 m、0.92 m 和 0.51 m，流量越小，水位降幅越大。

（5）汉口站 25 000 m^3/s 流量以下水位整体呈下降趋势，2017 年 10 000 m^3/s、15 000 m^3/s、20 000 m^3/s 和 25 000 m^3/s 流量下水位较 2003 年分别下降 1.32 m、1.27 m、0.73 m 和 0.35 m，流量越小，水位降幅越大。

（6）大通站各流量下水位变化幅度均较小。

结合 2.3.1 小节中高流量下水位变化过程，可以看出，30 000 m³/s 以下中小流量下水位呈明显下降趋势。对于沙质河床而言，一般流量越小，水位下降幅度越大，这与三峡水库下游不同河段均出现明显冲刷，且冲刷主要集中在枯水河槽的结果相一致，冲刷增加断面流量在中枯流量下比较明显。高水位时因水位-流量关系受河段涨落水、下游水位顶托和两湖分流等的影响，同流量下水位无明显变化，这主要是由于虽然河道冲刷在一定程度上可以增加枯水河槽的下泄能力，但受上游梯级水库群联合调度等影响，洪水河槽过流概率大幅下降，江、河、湖等滩地被较多利用，在削弱其对洪水调蓄能力的同时，高滩植被阻力有所增加，长江中游河段中高水位泄流能力未增加；另外，近年来长江中下游支流发生大洪水，干支流的洪水会造成下游严重顶托（以 2016 年最为严重），一些小支流洪水入汇对水位产生一定的影响也不可忽视，这些因素导致大流量下水位没有明显的变化趋势。

第3章

三峡水库蓄水后长江中下游河道变化特征

　　本章主要基于实测资料，首先分析研究三峡水库蓄水后长江中下游河道变化特征，具体分析长江中下游河道总体冲淤特征，长江中游宜昌至城陵矶河段、城陵矶至汉口河段及汉口至湖口河段河槽发育特征，不同河槽区域的单位河长累计冲淤量变化、不同河段的单位河长累计冲淤量变化等；然后从纵剖面形态的响应、横断面形态的响应、洲滩形态的响应及床面形态的响应4个方面论述河道形态对冲淤的响应；最后分析总结三峡水库蓄水前后长江中下游河道岸坡稳定情势。

3.1 长江中下游河床冲淤变化特征

3.1.1 河道总体冲淤特征

长江中下游平原地区，由于泥沙的淤积和水流的冲刷，河流易形成具有滩地和主槽的复式河道，而滩地和主槽的变化往往直接影响河流走向，对河流的演变起着重要的作用。典型断面河槽按照水位划分为洪水河槽、平滩河槽与枯水河槽（图3.1），洪水河槽典型断面一般包含主槽平衡区、滩槽交互区、滩地平衡区和边壁区；平滩河槽一般包括主槽平衡区、滩槽交互区；而枯水河槽一般仅包括主槽平衡区。一般地形法统计河床冲淤以平滩河槽居多，平滩水位以上河床冲淤较少，本小节分析长江中下游河段平滩河槽的冲淤特征，并以宜昌至湖口河段为例，计算分析平滩水位以上河床冲淤变化特征。

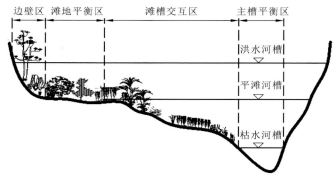

图 3.1　典型河道横断面分区示意图

1. 长江中下游平滩河槽冲淤量变化

1）宜昌至湖口河段

三峡水库蓄水前（1975～2002年），宜昌至湖口河段平滩河槽冲刷量为16 871万 m³，其中：宜昌至城陵矶河段冲刷量为44 204万 m³；城陵矶至湖口河段淤积量为27 333万 m³，总体冲淤变化较小（表3.1）。分时段看：宜昌至湖口河段1975～1996年平滩河槽冲淤基本平衡，略为淤积，平滩河槽总淤积量为17 930万 m³，年均淤积量为854万 m³/a；1996～1998年，受1998年大水期间长江中下游高水位持续时间长的影响，全河段淤积量较大，淤积量为19 865万 m³，年均淤积量为9 933万 m³/a；1998～2002年（城陵矶至湖口河段为1998～2001年），宜昌以下河段河床冲刷较为剧烈，全河段冲刷量为54 666万 m³（图3.2）。

表 3.1　不同时期宜昌至湖口河段冲淤量对比（平滩河槽）

时段		河段					
		宜昌至枝城河段 (60.8 km)	枝城至城陵矶河段 (347.2 km)	城陵矶至汉口河段 (251 km)	汉口至湖口河段 (295.4 km)	城陵矶至湖口河段 (546.4 km)	宜昌至湖口河段 (954.4 km)
总冲淤量 /万 m³	1975～1996 年	−13 498	−20 360	27 380	24 408	51 788	17 930
	1996～1998 年	3 448	745	−9 960	25 632	15 672	19 865
	1998～2002 年	−4 350	−10 189	−6 694	−33 433	−40 127	−54 666
	1975～2002 年	−14 400	−29 804	10 726	16 607	27 333	−16 871
	2002 年 10 月～2006 年 10 月	−8 138	−32 830	−5 990	−14 679	−20 669	−61 637
	2006 年 10 月～2008 年 10 月	−2 230	−3 569	197	4 693	4 890	−909
	2008 年 10 月～2018 年 10 月	−6 324	−77 415	−41 134	−53 132	−94 266	−178 005
	2002 年 10 月～2018 年 10 月	−16 692	−113 814	−46 927	−63 118	−110 045	−240 551
年均冲淤量 / (万 m³/a)	1975～1996 年	−643	−970	1 304	1 162	2 466	853
	1996～1998 年	1 724	373	−4 980	12 816	7 836	9 933
	1998～2002 年	−1 088	−2 547	−2 231	−11 144	−13 375	−17 010
	1975～2002 年	−553	−1 156	413	639	1 052	−657
	2002 年 10 月～2006 年 10 月	−2 035	−8 208	−1 198	−2 936	−4 134	−14 377
	2006 年 10 月～2008 年 10 月	−1 115	−1 785	99	2 347	2 446	−454
	2008 年 10 月～2018 年 10 月	−632	−7 742	−4 113	−5 313	−9 426	−17 800
	2002 年 10 月～2018 年 10 月	−1 043	−7 113	−2 760	−3 713	−6 473	−14 629
年均冲淤强度/[万 m³/ (km·a)]	1975～1996 年	−10.6	−2.8	5.2	3.9	4.5	0.9
	1996～1998 年	28.4	1.1	−19.8	43.4	14.3	10.4
	1998～2002 年	−17.9	−7.3	−8.9	−37.7	−24.5	−17.8
	1975～2002 年	−9.1	−3.3	0.9	0.7	0.0	−1.8
	2002 年 10 月～2006 年 10 月	−33.5	−23.6	−4.8	−9.9	−7.6	−15.1
	2006 年 10 月～2008 年 10 月	−18.3	−5.1	0.4	7.9	4.5	−0.5
	2008 年 10 月～2018 年 10 月	−10.4	−22.3	−16.4	−18	−17.3	−18.7
	2002 年 10 月～2018 年 10 月	−17.2	−20.5	−11	−12.6	−11.8	−15.3

　　三峡水库蓄水后的 2002 年 10 月～2018 年 10 月，宜昌至湖口河段平滩河槽总冲刷量约为 240 551 万 m³，年均冲刷量约 14 629 万 m³/a，年均冲刷强度 15.3 万 m³/（km·a），冲刷主要集中在枯水河槽，占总冲刷量的 91%（表 3.1）。从冲淤量沿程分布来看：宜昌至城陵矶河段河床冲刷较为剧烈，平滩河槽冲刷量为 130 506 万 m³，占总冲刷量的 54.3%；城陵矶至汉口河段、汉口至湖口河段平滩河槽冲刷量分别为 46 927 万 m³、63 118 万 m³，分别占总冲刷量的 19.5%、26.2%。从冲淤量沿时分布来看：2002 年 10 月～2006 年 10 月，河段普遍呈冲刷状态，平滩河槽冲刷量为 61 637 万 m³，宜昌至枝城河段冲刷强度最大，

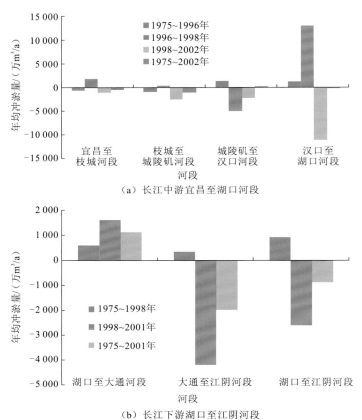

（a）长江中游宜昌至湖口河段

（b）长江下游湖口至江阴河段

图 3.2　三峡水库蓄水前宜昌至江阴河段年均泥沙冲淤量对比（平滩河槽）

枝城至城陵矶河段次之；2006 年 10 月～2008 年 10 月，河段略有冲刷，平滩河槽冲刷量为 909 万 m³；2008 年 175 m 试验性蓄水后，河段冲刷强度又有所增大，2008 年 10 月～2018 年 10 月，平滩河槽冲刷量为 178 005 万 m³，占蓄水后平滩河槽总冲刷量的 74%，年均冲刷量为 17 800 万 m³/a，其中以枝城至城陵矶河段冲刷强度最大（图 3.3）。

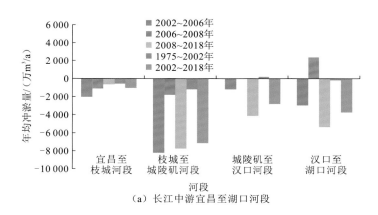

（a）长江中游宜昌至湖口河段

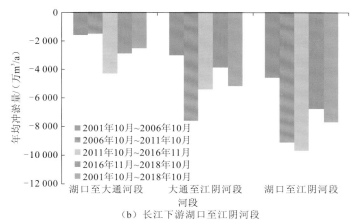

（b）长江下游湖口至江阴河段

图 3.3　三峡水库蓄水后宜昌至江阴河段年均泥沙冲淤量对比（平滩河槽）

2）湖口以下河段

湖口至江阴河段三峡水库蓄水前，河床冲淤变化较小，1975～2001 年累计淤积量为
12 728 万 m³（表 3.2、图 3.3）。湖口至江阴河段河床冲淤变化可分两个阶段：1975～1998 年
河床累计淤积量为 20 609 万 m³，年均淤积量为 896 万 m³/a；1998～2001 年平滩河槽以冲
刷为主，冲刷量为 7 881 万 m³，年均冲刷量为 2 627 万 m³/a。三峡水库蓄水运行以来，河段
河床以冲刷为主，2001 年 10 月～2018 年 10 月，湖口至江阴河段冲刷量为 131 090 万 m³，
其中湖口至大通河段冲刷量为 42 984 万 m³，大通至江阴河段冲刷量为 88 106 万 m³，分别
占总冲刷量的 33%、67%。

表 3.2　不同时期湖口至江阴河段冲淤量对比（平滩河槽）

	时段	湖口至大通河段 （228.0 km）	大通至江阴河段 （431.4 km）	湖口至江阴河段 （659.4 km）
总冲淤量 /万 m³	1975～1998 年	13 109	7 500	20 609
	1998～2001 年	4 773	-12 654	-7 881
	1975～2001 年	17 882	-5 154	12 728
	2001 年 10 月～2006 年 10 月	-7 986	-15 087	-23 073
	2006 年 10 月～2011 年 10 月	-7 611	-38 150	-45 761
	2011 年 10 月～2016 年 11 月	-21 569	-27 109	-48 678
	2016 年 11 月～2018 年 10 月	-5 818	-7 760	-13 578
	2001 年 10 月～2018 年 10 月	-42 984	-88 106	-131 090
年均冲淤量 /（万 m³/a）	1975～1998 年	570	326	896
	1998～2001 年	1 591	-4 218	-2 627
	1975～2001 年	688	-198	490
	2001 年 10 月～2006 年 10 月	-1 597	-3 017	-4 614
	2006 年 10 月～2011 年 10 月	-1 522	-7 630	-9 152
	2011 年 10 月～2016 年 11 月	-4 314	-5 422	-9 736

续表

时段		湖口至大通河段 （228.0 km）	大通至江阴河段 （431.4 km）	湖口至江阴河段 （659.4 km）
年均冲淤量 /（万 m³/a）	2016 年 11 月~2018 年 10 月	-2 909	-3 880	-6 789
	2001 年 10 月~2018 年 10 月	-2 528	-5 183	-7 711
年均冲淤强度 /[万 m³/(km·a)]	1975~1998 年	2.5	0.8	1.4
	1998~2001 年	7	-9.8	-4
	1975~2001 年	3.0	-0.5	0.7
	2001 年 10 月~2006 年 10 月	-7	-7	-7
	2006 年 10 月~2011 年 10 月	-6.7	-17.7	-13.9
	2011 年 10 月~2016 年 11 月	-18.9	-12.6	-14.8
	2016 年 11 月~2018 年 10 月	-12.75	-9	-10.3
	2001 年 10 月~2018 年 10 月	-11.1	-12	-11.7

注：1.湖口至大通河段计算水位为 15.47（湖口）~10.06 m（大通），对应大通站流量为 45 000 m³/s；2.大通至江阴河段计算水位为 10.06（大通）~2.66 m（江阴）。

三峡水库蓄水前，澄通河段总体表现为淤积，1983~2001 年 0 m 以下河槽淤积量为 0.219 亿 m³。三峡水库蓄水运行以来，澄通河段转为冲刷，2001~2018 年澄通河段河槽冲刷量为 58 410 万 m³，年均冲刷量为 3 436 万 m³/a（表 3.3）。

表 3.3　不同时期澄通河段和长江口河段冲淤量对比（0 m 以下河槽）

时段		澄通河段 （96.8 km）	长江口北支河段 （90.0 km）	长江口南支河段 （74.3 km）	长江口河段
总冲淤量 /万 m³	2001 年 10 月~2006 年 10 月	-8 651	10 227	-14 633	-4 406
	2006 年 10 月~2011 年 10 月	-24 066	844	-14 777	-13 933
	2011 年 10 月~2016 年 10 月	-14 706	9 899	-5 336	4 563
	2016 年 10 月~2018 年 10 月	-10 987	5 105	-5 958	-853
	2001 年 10 月~2018 年 10 月	-58 410	26 075	-40 704	-14 629
年均冲淤量 /（万 m³/a）	2001 年 10 月~2006 年 10 月	-1 730	2 045	-2 927	-882
	2006 年 10 月~2011 年 10 月	-4 813	169	-2 955	-2 786
	2011 年 10 月~2016 年 10 月	-2 941	1 980	-1 067	913
	2016 年 10 月~2018 年 10 月	-5 494	2 553	-2 979	-427
	2001 年 10 月~2018 年 10 月	-3 436	1 534	-2 394	-860

三峡水库蓄水前，长江口南支河段表现为冲刷，长江口北支河段则表现为淤积，1984~2001 年河段 0 m 以下河槽累计冲刷量为 2.60 亿 m³，其中长江口南支河段冲刷量为 4.42 亿 m³，长江口北支河段淤积量为 1.82 亿 m³。三峡水库蓄水运行以来，2001 年 10 月~2018 年 10 月长江口南支河段与北支河段 0 m 以下河槽冲刷 14 629 万 m³，其中长江口北支河段 0 m 以下河槽淤积量为 26 075 万 m³，年均淤积 1 534 万 m³/a，长江口南支河段 0 m 以下河槽冲刷

量为 40 704 万 m³，年均冲刷量为 2 394 万 m³/a（表 3.3）。

2. 宜昌至湖口河段平滩水位以上河床冲淤量变化

根据水文统计数据，计算宜昌至湖口河段平滩水位以上河床冲淤变化，结果见图 3.4 和图 3.5。

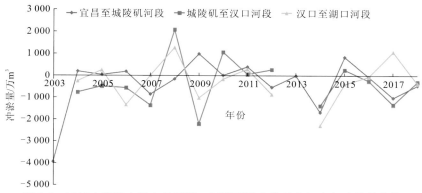

图 3.4　三峡水库蓄水后宜昌至湖口河段平滩水位以上河床年冲淤量变化

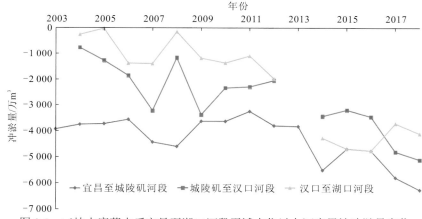

图 3.5　三峡水库蓄水后宜昌至湖口河段平滩水位以上河床累计冲淤量变化

三峡水库运行以来宜昌至城陵矶河段平滩水位以上河床在 2003~2018 年整体呈冲淤交替变化规律，变幅较小，本河段若某一年份冲刷或者淤积幅度较大，第二年一般呈现相反的变化规律，例如 2014 年冲刷幅度较大，2015 年则回淤，但整体而言河段以冲刷为主，截至 2018 年 10 月平滩水位以上河床累计冲刷量约为 6 286 万 m³。城陵矶至汉口河段平滩水位以上河床在 2003~2018 年冲淤交替变化，该变化规律在 2007~2010 年尤其明显；在 2007 年、2008 年冲淤变化幅度较大，但整体而言以冲刷为主，截至 2018 年 10 月本河段平滩水位以上河床累计冲刷量约为 5 134 万 m³。汉口至湖口河段平滩水位以上河床在 2003~2018 年冲淤交替变化，其中 2008~2009 年该变化规律尤其明显，2006 年、2008 年、2014 年、2017 年冲淤变化幅度较大，但整体而言以冲刷为主，截至 2018 年 10 月本河段平滩水位以上河床累计冲刷量约为 4 126 万 m³。

3.1.2　河槽发育特征

1. 不同河槽区域的单位河长累计冲淤量变化

从图 3.6 宜昌至城陵矶河段枯水河槽、基本河槽、平滩河槽和洪水河槽单位河长累计冲淤量变化过程可以看出：三峡水库蓄水后，该河段单位河长累计冲刷量为洪水河槽＞平滩河槽＞基本河槽＞枯水河槽，说明整体上，该河段河槽不同部位均有冲刷，但以枯水河槽冲刷为主，枯水河槽单位河长累计冲刷量分别约占平滩河槽和洪水河槽的 90%和 86%。

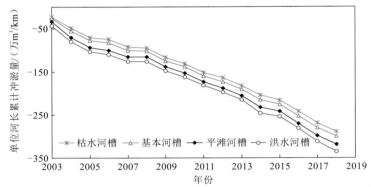

图 3.6　三峡水库蓄水后不同部位单位河长累计冲淤量（宜昌至城陵矶河段）

从图 3.7 城陵矶至汉口河段枯水河槽、基本河槽、平滩河槽和洪水河槽单位河长累计冲淤量变化过程可以看出：枯水河槽和基本河槽单位河长累计冲刷量基本保持一致，即枯水河槽和基本河槽之间基本保持冲淤平衡；2007 年以前平滩河槽冲刷量大于枯水河槽和基本河槽，即平滩河槽和基本河槽之间的区域有所冲刷；2008～2015 年枯水河槽、基本河槽和平滩河槽单位河长累计冲刷量基本保持一致，即枯水河槽和平滩河槽之间的区域基本保持冲淤平衡；2016～2018 年枯水河槽冲刷量略小于平滩河槽和基本河槽，即枯水河槽和基本河槽区域有所冲刷。通过对比平滩河槽和洪水河槽单位河长累计冲刷量变化过程可以看出，2003～2012 年洪水河槽冲刷量小于平滩河槽，即平滩河槽和洪水河槽之间的区域有所

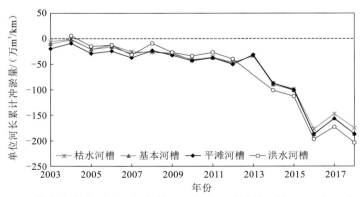

图 3.7　三峡水库蓄水后不同部位单位河长累计冲淤量（城陵矶至汉口河段）

淤积；而 2013～2018 年洪水河槽冲刷量大于平滩河槽，即平滩河槽和洪水河槽之间的区域有所冲刷。因此，2003～2018 年该段河槽冲刷量以枯水河槽为主，枯水河槽单位河长累计冲刷量分别约占平滩河槽和洪水河槽的 93% 和 85%。

　　从图 3.8 汉口至湖口河段枯水河槽、基本河槽、平滩河槽和洪水河槽单位河长累计冲淤量变化过程可以看出：2004 年枯水河槽有所淤积，枯水河槽与基本河槽之间的区域有所冲刷；自 2005 年起，枯水河槽开始冲刷，2005～2012 年基本河槽、平滩河槽和洪水河槽冲刷量基本保持一致，且大于枯水河槽冲刷量，说明枯水河槽与基本河槽之间的区域有所冲刷，基本河槽以上区域基本保持冲淤平衡；2013 年以来，基本河槽和平滩河槽冲刷量基本保持一致，略大于枯水河槽冲刷量，而小于洪水河槽冲刷量，说明枯水河槽与基本河槽之间的区域略有冲刷，而平滩河槽与洪水河槽之间的区域也有冲刷。因此，2003～2018 年该河段河槽冲刷量以枯水河槽为主，枯水河槽单位河长累计冲淤量分别约占平滩河槽和洪水河槽的 92% 和 84%。

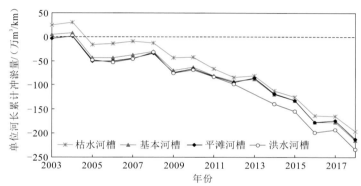

图 3.8　三峡水库蓄水后不同部位单位河长累计冲淤量（汉口至湖口河段）

2. 不同河段的单位河长累计冲淤量变化

　　为了进一步分析长江中下游不同河段冲淤量之间的异同，图 3.9 给出了宜昌至枝城河段、上荆江河段、下荆江河段、城陵矶至汉口河段和汉口至湖口河段平滩河槽单位河长累计冲淤量的变化过程。可以看出：2003～2012 年平滩河槽单位河长累计冲刷量宜昌至枝城河段最大，为 239.4 万 m^3/km，之后该河道冲刷减缓，2003～2018 年平滩河槽单位河长累计冲刷量为 275.3 万 m^3/km。上荆江河段 2003～2010 年单位河长累计冲刷量小于下荆江河段，2011～2018 年大于下荆江河段，且 2015～2018 年单位河长累计冲刷量大于其上游的宜昌至枝城河段，值得注意的是，2015～2018 年单位河长累计冲刷量并未出现减缓的趋势，2003～2018 年平滩河槽单位河长累计冲刷量为 395.6 万 m^3/km。下荆江河段 2003～2006 年冲刷量较大，2007～2008 年基本保持冲淤平衡，2009～2018 年冲刷量基本保持不变，2003～2018 年平滩河槽单位河长累计冲刷量为 261.5 万 m^3/km。城陵矶至汉口河段和汉口至湖口河段单位河长累计冲刷量变化过程较为一致，城陵矶至汉口河段略小于汉口至湖口河段，2008 年以前两河段平滩河槽冲刷量较小，2009～2013 年冲刷量较 2003～2008 年有所增加，2014～2018 年冲刷量又有所增加，2003～2018 年平滩河槽城陵矶至汉口河段和汉口至湖口河段单位河长累计冲刷量分别为 187.0 万 m³/km 和 213.7 万 m³/km。

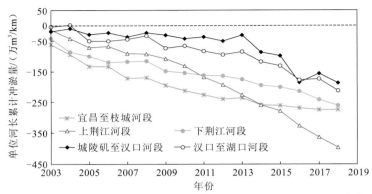

图 3.9   三峡水库蓄水后不同河段平滩河槽单位河长累计冲淤量变化

    图 3.10 给出了宜昌至枝城河段、上荆江河段、下荆江河段、城陵矶至汉口河段和汉口至湖口河段枯水河槽单位河长累计冲淤量的变化过程。因为各河段河槽冲刷以枯水河槽为主，所以枯水河槽单位河长累计冲刷量变化规律与平滩河槽基本保持一致。可以看出：宜昌至枝城河段 2003～2012 年枯水河槽冲刷量最大，枯水河槽单位河长累计冲刷量为 216.8 万 m³/km，之后冲刷减缓，2003～2018 年枯水河槽单位河长累计冲刷量为 253.3 万 m³/km。2003～2010 年上荆江河段与下荆江河段枯水河槽单位河长累计冲刷量基本一致，枯水河槽单位河长累计冲刷量约为 120 万 m³/km，2011～2018 年枯水河槽单位河长累计冲刷量上荆江河段增加、下荆江河段减缓，2003～2018 年两河段枯水河槽单位河长累计冲刷量分别为 371.8 万 m³/km 和 220.1 万 m³/km。城陵矶至汉口河段，2003～2013 年枯水河槽单位河长累计冲刷量较小，为 32.88 万 m³/km，2014 年以来冲刷量有所增加，2003～2018 年枯水河槽单位河长累计冲刷量为 174.7 万 m³/km。2003～2008 年汉口至湖口河段枯水河槽整体保持冲淤平衡，2009 年以来，冲刷量增加，2003～2018 年枯水河槽单位河长累计冲刷量为 197.5 万 m³/km。

图 3.10   三峡水库蓄水后不同河段枯水河槽单位河长累计冲淤量变化

    图 3.11 给出了宜昌至枝城河段、上荆江河段、下荆江河段、城陵矶至汉口河段和汉口至湖口河段平滩水位与枯水位之间河槽单位河长累计冲淤量的变化过程。可以看出：宜昌至枝城河段、上荆江河段和下荆江河段平滩水位与枯水位之间河槽冲刷主要发生在 2003～

2005 年；宜昌至枝城河段 2006 年以来基本保持冲淤平衡；上荆江河段 2006～2011 年基本保持冲淤平衡，2012 年以来有所冲刷；下荆江河段 2006～2018 年有冲有淤，整体保持平衡。城陵矶至汉口河段，除 2003 年、2017 年、2018 年冲刷明显和 2008 年淤积明显外，其他年份整体保持冲淤平衡。汉口至湖口河段，2003 年平滩水位与枯水位之间河槽冲刷明显，2004～2006 年冲刷减缓，2007～2013 年淤积，2014～2018 年又有所冲刷。2003～2018 年宜昌至枝城河段、上荆江河段、下荆江河段、城陵矶至汉口河段和汉口至湖口河段平滩水位与枯水位之间河槽单位河长累计冲淤量分别为 22.0 万 m³/km、23.7 万 m³/km、41.4 万 m³/km、12.2 万 m³/km 和 16.2 万 m³/km。

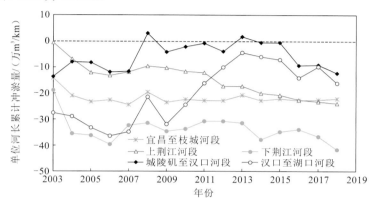

图 3.11　三峡水库蓄水后不同河段平滩水位与枯水位之间河槽单位河长累计冲淤量变化

3.1.3　河道形态对冲淤的响应

1. 纵剖面形态的响应

宜昌至枝城河段两岸抗冲性较强，因而其河道冲刷主要表现为河床下切。2002 年 10 月～2016 年 11 月，深泓纵剖面平均冲刷下切 4 m［图 3.12（a）］，其中：宜昌河段深泓高程平均下降 1.8 m，深泓高程累计下降最大的为胭脂坝河段中部的宜 43 断面，下降幅度累计达 5.4 m；宜都河段深泓高程平均下降 5.9 m，深泓高程累计下降最大的为外河坝段的枝 2 断面，下降幅度累计值为 22.3 m。

三峡水库蓄水以后，荆江沙质河床段发生了剧烈冲刷，河床纵剖面形态也发生了相应的调整，平均冲刷深度为 2.54 m，最大冲刷深度为 15.0 m，位于调关河段的荆 120 断面；其次为枝江河段马家店附近（江 1 断面），冲刷深度为 11.3 m。枝江河段深泓平均冲刷深度为 3.6 m，最大冲刷深度为 11.3 m，位于马家店附近（江 1 断面）；沙市河段深泓平均冲刷深度为 3.96 m，最大冲刷深度位于陈家湾附近（荆 29 断面），冲刷深度为 10.8 m；公安河段平均冲刷深度为 1.23 m，最大冲刷深度位于新厂水位站附近（公 2 断面），冲刷深度为 7.2 m；石首河段深泓平均冲刷深度为 3.53 m，最大冲刷深度为 15.0 m，位于调关河段（荆 120 断面）；监利河段深泓平均冲刷深度为 0.93 m，最大冲刷深度为 10.9 m，位于熊家洲河段（荆 176 断面）。与 2003 年相比，2016 年河床纵剖面比降有所下降，由 2003 年的 0.67‰ 降为 2016 年的 0.56‰［图 3.12（b）］。

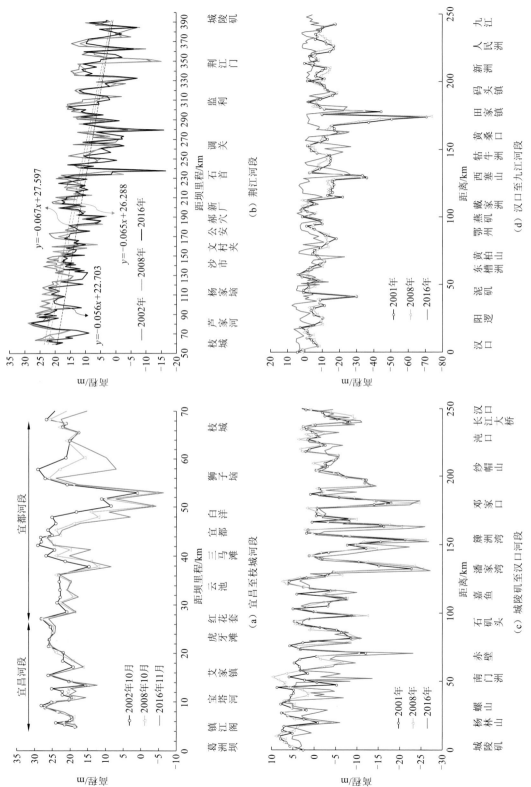

图 3.12 长江中游宜昌至九江河段河床纵剖面调整

　　三峡水库蓄水后，城陵矶至汉口河段纵剖面形态无明显趋势性变化。2001 年 10 月～2016 年 11 月，城陵矶至汉口河段河床深泓纵剖面总体略有冲刷，深泓平均冲刷深度为 2.29 m。其中：城陵矶至石矶头河段（含白螺矶河段、界牌河段和陆溪口河段）深泓平均冲刷深度约为 3.30 m；石矶头至汉口河段（含嘉鱼河段、簰洲湾河段和武汉河段上段）深泓平均冲刷深度约为 1.87 m[图 3.12（c）]。

　　三峡水库蓄水后，汉口至九江河段深泓纵剖面有冲有淤，除田家镇河段深泓平均淤积抬高外，其他各河段均以冲刷下切为主，全河段深泓平均冲刷深度为 2.77 m。河段内河床高程较低的白浒镇、西塞山和田家镇马口深槽历年有冲有淤，除了田家镇马口深槽淤积 1.2 m 外，白浒镇深槽和西塞山深槽冲刷深度分别为 2.9 m 和 11.3 m[图 3.12（d）]。九江至湖口河段深泓纵剖面有冲有淤，干流段除三洲圩附近，左汊除段窑—梅家坝附近和汇口附近深泓最深点略有淤积抬高外，其他河段均以冲刷下切为主，张家洲河段深泓平均冲刷深度为 2.4 m。张家洲洲头分流区和上下三号进口龙潭山附近深泓冲刷深度较大，最大冲刷深度分别为 7.6 m 和 8.9 m。

2. 横断面形态的响应

　　宜昌至枝城河段为山区河流向平原过渡段，河岸抗冲性较强，河宽偏小，断面以单一形态为主，因而冲刷变形方式也相对简单，主要表现为河槽的下切。与冲刷强度相对应，宜昌河段断面冲淤变化幅度较小，宜都河段断面主河槽冲刷下切的幅度较大，如白洋弯道（宜 69 断面）和外河坝附近（枝 2 断面），2002～2016 年断面最大下切幅度分别达到 16.1 m 和 22.3 m（图 3.13）。

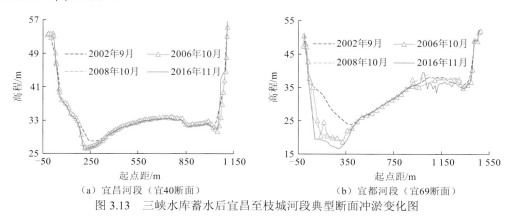

（a）宜昌河段（宜40断面）　　　　（b）宜都河段（宜69断面）

图 3.13　三峡水库蓄水后宜昌至枝城河段典型断面冲淤变化图

　　荆江河段断面形态主要有 U 形断面、V 形断面和 W 形断面及其亚型偏 V 形断面、不对称 W 形断面等类型。其中：U 形断面主要分布在分汊段、弯道段之间的顺直过渡段内；V 形断面一般分布在弯道段；W 形断面分布在汊道段，不同类型断面变化规律也不尽相同（图 3.14～图 3.16）。

　　U 形断面：基本分布在顺直过渡段内，荆江河段的顺直过渡段并非天然形成的，其形态多受两岸护岸工程的限制作用，因此，三峡水库蓄水前及蓄水后，U 形断面基本形态相对稳定，冲淤主要集中在河槽河床高程略偏高的区域内。

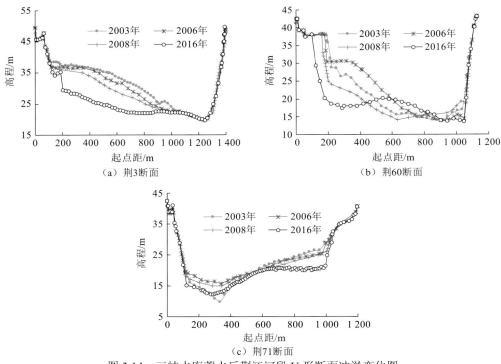

图 3.14　三峡水库蓄水后荆江河段 U 形断面冲淤变化图

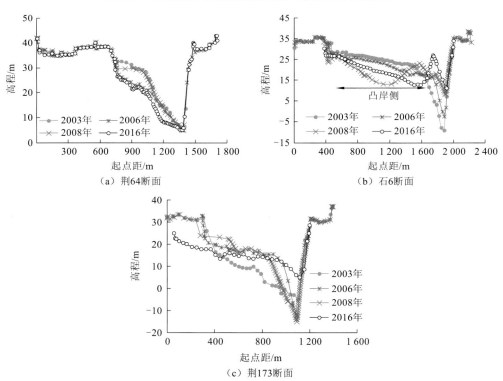

图 3.15　三峡水库蓄水后荆江河段 V 形断面冲淤变化图

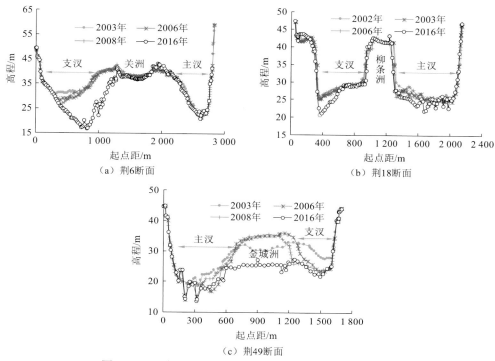

图 3.16 三峡水库蓄水后荆江河段 W 形断面冲淤变化图

V 形断面：基本分布在弯道段内，三峡水库蓄水前，受人工裁弯、自然裁弯等的影响，下荆江弯道段的河势调整幅度剧烈，深槽侧岸线的大幅度崩退使得深泓整体摆动幅度较大，直至 1998 年前后，V 形断面基本形态进入相对稳定期，并持续至三峡水库蓄水后，断面的变化主要是凸岸侧边滩滩唇的交替冲淤，主河槽略有展宽，深槽部分的冲淤变化幅度较小，深泓点的平面位置较为稳定。局部急弯段出现切滩撇弯（凸冲凹淤）的现象，断面形态发生变化。

W 形断面：基本分布在分汊段内，其冲淤变幅相对单一型断面要复杂，不仅有两汊的冲淤调整，还有中部滩体的冲淤变化，但总体来看，三峡水库蓄水后，荆江河段 W 形断面"塞支强干"的现象并不明显，相反，大部分汊道支汊冲刷下切的幅度大于主汊。

进一步统计荆江河段断面平均高程下切超过 1.0 m、0.5 m 和 0 m 的断面所占百分比（参与统计的固定断面 173 个），以及河宽增幅超过 0 m、20 m 和 50 m 的断面所占百分比，具体结果如表 3.4 所示。三峡水库蓄水后 2003～2015 年荆江河段 173 个断面中，接近 90%的断面洪水河槽河床平均高程冲刷下切，平滩河槽下切比例为 86.1%，枯水河槽下切比例为 80.9%，同时，断面展宽现象也存在，与河床下切的特征相反，洪水河槽展宽断面占比为 55.5%，枯水河槽展宽断面占比增大到 71.7%，可见，滩体的冲刷较崩岸更为频繁，荆江河道冲刷以下切为主。从下切和展宽的幅度来看，大部分断面的河床高程平均下切超过 1.0 m，超过 0.5 m 的超过 80%（洪水河槽），枯水河槽河宽增幅超过 20 m 的占 57.8%。不同水位下的河槽下切与展宽的变化规律恰好相反：对于一定下切幅度断面占比，洪水河槽＞平滩河槽＞枯水河槽；对于一定展宽幅度断面占比，枯水河槽＞平滩河槽＞洪水河槽，间接反映出断面形态调整形式的多样性。

表 3.4　三峡水库蓄水后荆江河段断面形态调整幅度比例变化　　　（单位：%）

统计时段	过水断面	$\Delta Z > 0$ m	$\Delta Z > 0.5$ m	$\Delta Z > 1.0$ m	$\Delta B > 0$ m	$\Delta B > 20$ m	$\Delta B > 50$ m
2003~2008 年	洪水河槽	64.2	44.5	20.2	74.6	22.0	6.36
	平滩河槽	61.8	46.2	27.7	71.7	27.2	16.2
	枯水河槽	67.1	47.4	30.6	68.8	41.6	28.9
2008~2015 年	洪水河槽	87.3	65.3	41.0	38.7	14.5	6.94
	平滩河槽	80.3	68.2	51.4	57.8	25.4	17.3
	枯水河槽	76.3	61.8	48.6	70.5	46.8	31.8
2003~2015 年	洪水河槽	89.6	80.3	60.7	55.5	16.8	6.94
	平滩河槽	86.1	79.2	65.3	60.1	34.1	23.1
	枯水河槽	80.9	74.0	61.8	71.7	57.8	43.9

注：ΔZ 指断面河床平均高程下切幅度；ΔB 指断面宽度增加幅度；表中数据均为超过一定变化幅度的断面所占百分比。

　　城陵矶至汉口河段，除界牌河段和簰洲湾河段部分断面形态有较为剧烈的调整外，其他河段典型断面形态相对稳定，冲淤变化集中在主河槽内，兼有下切和展宽两种变形形式（图 3.17）。汉口至湖口河段，河床断面形态均未发生明显变化，河床冲淤以主河槽为主，部分河段因实施了航道整治工程，断面冲淤调整幅度略大。

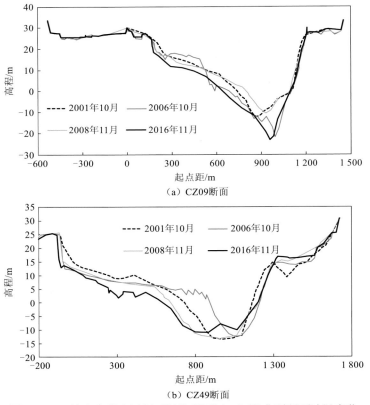

图 3.17　三峡水库蓄水运行后城陵矶至汉口河段典型断面冲淤变化

汉口至湖口河段，典型断面的基本形态均未发生明显变化，河床冲淤主要集中在主河槽内，部分河段因实施了航道整治工程，断面冲淤调整幅度略大。戴家洲洲头段（CZ76断面）实施了护滩工程，位于河心的滩体处于淤高的状态，2001～2016 年累计淤积幅度达到 6 m 以上，滩体淤积的同时，两汊大幅冲刷下切，左汊最大下切幅度约为 6.5 m（图 3.18）。

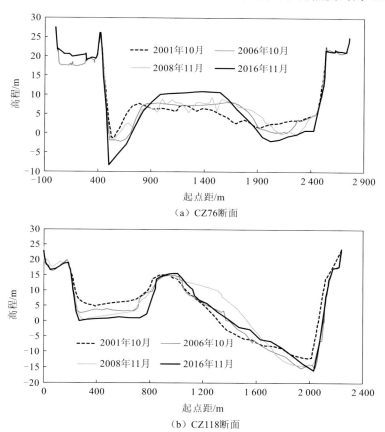

（a）CZ76断面

（b）CZ118断面

图 3.18　三峡水库蓄水运行后汉口至湖口河段典型断面冲淤变化

3. 洲滩形态的响应

1）宜昌至城陵矶河段

河心分布有一定规模的江心洲（滩）是分汊河道区别于其他河道最为显著的特征。一定来流条件下，江心洲（滩）可能淹没，也可能出露。江心洲（滩）出露时，河道水流流路不再单一，江心洲（滩）左右边缘充当汊道边界的角色，并随着水沙条件的变化而发生冲淤变形，这种变形以平面形态变化为主；江心洲（滩）过流时，作为水下河床，其会随着水沙条件的变化而发生冲淤调整，且这种调整包含平面形态和纵向变化两类。因此，江心洲（滩）冲淤形式与其自身规模和水沙条件有关，年内过流时间长的中低滩冲淤变形幅度更大一些，年内过流时间短的高滩冲淤变形主要表现为滩缘的淘刷。三峡水库蓄水后，长江中游分汊河道内的江心洲(滩)的冲淤变形都以冲刷为主，且中低滩的萎缩尤为明显。

表 3.5 为三峡水库蓄水后荆江河段 9 个典型江心洲（滩）滩体面积变化情况。马家咀汊道段的突起洲（于 2006 年汛后实施了两期滩体上段及左缘的护岸工程）呈淤积状态，太平口心滩经历了先淤积后冲刷的变化过程，其他滩体均有一定幅度的冲刷萎缩。其中：中低滩以沙市河段三八滩的相对萎缩幅度最大，2013 年滩体 30 m 等高线的面积较 2002 年减小 2.05 km²，相对萎缩幅度达 94.0%；沙市河段的金城洲绝对萎缩幅度最大，2013 年滩体 30 m 等高线面积较 2003 年减小 4.04 km²；高滩的萎缩程度较中低滩偏小，相对萎缩幅度在 6.6%～33.3%。

表 3.5　三峡水库蓄水后荆江河段江心洲（滩）滩体面积变化统计

滩体名称	统计年份	面积/km²	滩体名称	统计年份	面积/km²	滩体名称	统计年份	面积/km²
关洲	2002	4.86	芦家河碛坝	2002	0.80	柳条洲	2002	2.65
	2006	4.75		2006	0.70		2006	2.75
	2008	4.49		2008	0.77		2008	3.29
	2011	4.09		2011	0.48		2011	2.18
	2013	3.24		2013	0.46		2013	2.47
	2016	3.04		2016	0.13		2016	2.30
太平口心滩	2002	0.84	三八滩	2002	2.18	金城洲	2003	5.00
	2006	1.65		2006	0.80		2006	3.31
	2008	2.13		2008	0.45		2008	2.35
	2011	1.84		2011	0.16		2011	1.46
	2013	1.33		2013	0.13		2013	0.96
	2016	0.64		2016	0.30		2016	0.64
突起洲	2003	8.05	倒口窑心滩	2002	3.14	乌龟洲	2002	8.43
	2006	6.90		2006	3.94		2006	7.62
	2008	7.20		2008	3.33		2008	7.90
	2011	7.80		2011	3.61		2011	8.12
	2013	9.08		2013	1.58		2013	7.87
	2016	7.97		2016	1.65		2016	7.82

注：关洲、芦家河碛坝各统计年份为 35 m 等高线；乌龟洲各统计年份为 25 m 等高线；除三八滩 2016 年为 29 m 等高线外，柳条洲、太平口心滩、三八滩、金城洲、突起洲、倒口窑心滩各统计年份为 30 m 等高线。

高滩与中低滩的冲刷形式也存在一定的区别，中低滩往往呈以滩轴线为中心的整体萎缩趋势（极少数滩体先淤后冲），而高滩则以中枯水支汊一侧的滩缘冲刷后退为主。中低滩冲淤变形比较典型的有位于上荆江沙市河段的太平口心滩、三八滩和金城洲，其中：太平口心滩 2008 年之前以淤积为主，之后滩体整体持续冲刷萎缩，2016 年相对于 2008 年，滩体 30 m 等高线面积减少约 70%[图 3.19（a）]；三八滩和金城洲 30 m 等高线面积呈明显的整体萎缩趋势，尽管两处滩体都实施了局部护岸工程，但在高强度的次饱和水流作用下，滩体仍大幅度地冲刷，三八滩至 2011 年仅剩一狭窄小滩体，金城洲的萎缩程度也较大[图 3.19（b）]。

三峡水库蓄水后，上游来水偏枯，高滩年内过流时间较短，但受中枯水以下支汊河槽冲刷发展的影响，水流不断淘刷高滩滩缘，致使滩缘均冲刷崩退，如关洲左汊和马家咀左汊均为中枯水支汊，且分流比都有一定幅度的增加，对应汊道内的关洲及突起洲左缘冲刷后退，相反，中枯水主汊侧滩缘则基本保持稳定[图 3.19（c）、（d）]。究其原因主要在于这两个汊道均属于弯曲型，中枯水支汊位于凸岸侧，高滩滩缘为该汊的凹岸边界，在汊道内部呈现弯道"凹冲凸淤"的特性，滩缘的冲刷在所难免。可见，高滩的萎缩程度与汊道的发展情况和汊道的河势格局均密切相关。

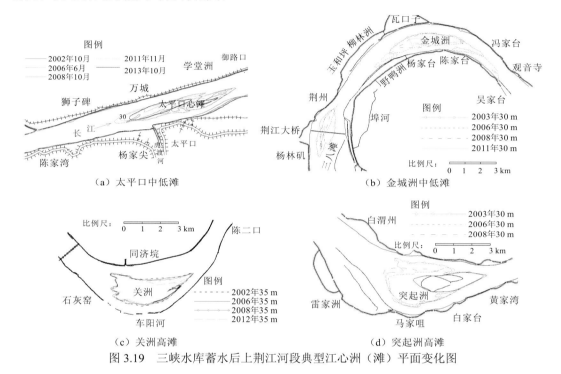

图 3.19　三峡水库蓄水后上荆江河段典型江心洲（滩）平面变化图

与心滩类似，下荆江弯道凸岸侧分布的边滩也出现了持续冲刷的现象。三峡水库蓄水后，下荆江河道急弯段的凸岸侧边滩不断冲刷，滩唇冲刷（切割）后退，滩体面积萎缩明显（图 3.20）。2002～2013 年，调关弯道和莱家铺弯道凸岸侧边滩的 20 m 等高线面积萎缩率分别为 28.1%和 4.6%，25 m 等高线面积萎缩率分别为 31.7%和 11.6%；反咀弯道、七弓岭弯道和观音洲弯道凸岸侧边滩 20 m 等高线面积萎缩率分别为 4.0%、41.1%和 90.7%。七弓岭弯道凸岸滩体切割后，在凹岸侧淤积形成低矮的江心潜洲，断面形态发生变化。

2）城陵矶至湖口河段

城陵矶至湖口河段内的洲滩总体规模相较于宜昌至城陵矶河段偏大，洲滩数量众多。从统计的典型洲滩特征值变化来看，滩体总体以冲刷萎缩为主，例如：南门洲、复兴洲、白沙洲、戴家洲、龙坪新洲和人民洲洲体特征等高线的面积都有所减小，滩体规模越小，冲刷幅度越大，白沙洲 15 m 等高线面积一直在减小，减幅约为 55.8%；南阳洲先淤后冲，东槽洲基本稳定，天兴洲有所淤积，主要是滩尾淤积下延。

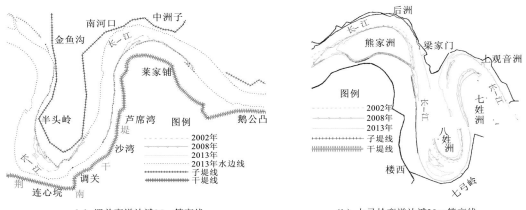

（a）调关弯道边滩25 m等高线　　　　　　（b）七弓岭弯道边滩20 m等高线

图 3.20　三峡水库蓄水后下荆江河段典型边滩平面变化图

从滩体特征等高线平面形态变化来看（图3.21）：低矮滩体基本上呈整体冲淤，如南阳洲；而高滩的冲淤基本上集中在头部或尾部等低滩区域，尤其是实施了航道整治工程的滩体，如天兴洲、东槽洲、戴家洲、龙坪新洲等头部低滩均实施了护岸工程，因而相较于蓄水前或者蓄水初期，低滩有所淤积，有些低滩淤积增长，如东槽洲头部低滩和鸭儿洲，有些淤积上延，如天兴洲洲头。可见，三峡水库蓄水后，城陵矶至湖口河段分布的洲滩多数冲刷萎缩，高滩相对于低滩更为稳定，部分头部低滩实施了护岸工程后，有所淤积。

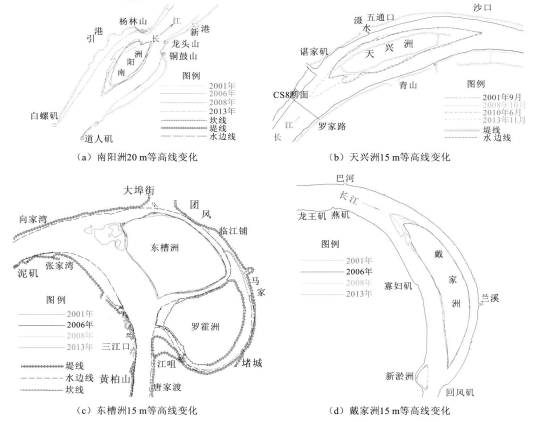

（a）南阳洲20 m等高线变化　　　　　　　（b）天兴洲15 m等高线变化

（c）东槽洲15 m等高线变化　　　　　　　（d）戴家洲15 m等高线变化

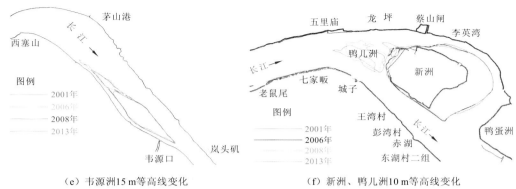

（e）韦源洲 15 m 等高线变化　　　　　（f）新洲、鸭儿洲 10 m 等高线变化

图 3.21　三峡水库蓄水后城陵矶至湖口河段典型江心洲（滩）平面变化图

4. 床面形态的响应

对比三峡水库蓄水前，蓄水后长江中游河道沿程冲刷必然会带来河床床面形态的调整，河床粗化是其重要的特征。河床粗化在沙质河床平衡趋向中的作用与砂卵石河段中床沙粗化作用类似，主要表现在两个方面：一是增大河床阻力，减小流速，增大水深；二是降低输沙强度，减缓冲刷速度。从边界条件改变的角度，影响水流的造床作用。

根据三峡水库蓄水后的原始观测资料，三峡水库蓄水后，下游砂卵石河床、沙质河床的床沙粗化现象均已经出现。砂卵石河床粗化的主要特征有两个：一是当地床沙粗化，逐渐由砂卵石河床粗化为卵石夹沙河床；二是砂卵石河床范围下延，杨家垴以下的河段内床沙中也陆续发现卵石，下延的范围在 5 km 左右。2003 年该段河床组成结果显示：17 个典型断面床沙组成中粒径小于 0.25 mm 的颗粒沙重百分数均在 40% 以上，平均值达到 69%；随着冲刷发展，河床粗化明显，至 2010 年（2012 年该段床沙未取样分析，2014 年多个断面未能取到床沙或是河床组成复杂，无法给出断面平均值），17 个典型断面床沙组成中粒径小于 0.25 mm 的颗粒沙重百分数均不超过 48%，12 个断面的床沙组成中粒径小于 0.25 mm 的颗粒沙重百分数均不超过 30%，河段平均值下降至 24.4%，床沙中值粒径普遍增大，部分断面床沙中值粒径粗化至卵石水平。

沙质河床起始段粗化明显，城陵矶以下略有粗化（表 3.6）。荆江河段自 2003 年以后床沙呈现逐年粗化的趋势，河床上的细颗粒泥沙被大量冲走对低含沙水流进行补给。枝江河段、沙市河段、公安河段、石首河段和监利河段的床沙中值粒径均有所增大，且沿程有床沙上游粗化较下游粗化快的特征。城陵矶至汉口河段的冲刷发展相对荆江河段缓慢，粗化程度也略偏低，除界牌河段、嘉鱼河段床沙中值粒径变化不大外，其他河段均略有粗化；汉口至湖口河段在三峡水库蓄水运行后床沙也略有粗化，仅叶家洲河段、黄州河段和九江河段床沙粗化不明显。

表 3.6　三峡水库运行前后长江中游床沙中值粒径变化　　　　（单位：mm）

河段		时间							
		1998 年	2003 年	2006 年	2008 年	2010 年	2012 年	2014 年	2015 年
荆江河段	枝江河段	0.238	0.211	0.262	0.272	0.261	0.262	0.280	—
	沙市河段	0.228	0.209	0.233	0.246	0.251	0.252	0.239	0.263
	公安河段	0.197	0.220	0.225	0.214	0.245	0.228	0.234	0.260
	石首河段	0.175	0.182	0.196	0.207	0.212	0.204	0.210	0.238
	监利河段	0.178	0.165	0.181	0.209	0.201	0.221	0.198	0.224
城陵矶至汉口河段	白螺矶河段	0.124	0.165	0.202	0.197	0.187	0.208	0.193	0.192
	界牌河段	0.180	0.161	0.189	0.194	0.181	0.221	0.184	0.167
	陆溪口河段	0.134	0.119	0.124	0.157	0.136	0.195	0.152	0.163
	嘉鱼河段	0.169	0.171	0.173	0.165	0.146	0.219	0.165	0.169
	簰洲湾河段	0.136	0.164	0.174	0.183	0.157	0.211	0.165	0.169
	武汉河段（上）	0.153	0.174	0.182	0.199	0.185	0.363	0.186	0.181
汉口至湖口河段	武汉河段（下）	0.102	0.129	—	0.154	—	—	—	—
	叶家洲河段	0.168	0.153	0.147	0.173	0.165	0.248	0.168	0.159
	团风河段	0.113	0.121	0.166	0.112	0.177	0.226	0.175	0.150
	黄州河段	0.170	0.158	0.104	0.172	0.109	0.217	0.123	0.111
	戴家洲河段	0.131	0.106	0.155	0.174	0.191	0.205	0.174	0.181
	黄石河段	0.147	0.160	0.134	0.177	0.181	0.192	0.147	0.166
	韦源口河段	0.140	0.148	0.170	0.135	0.179	0.323	0.173	0.204
	田家镇河段	0.115	0.148	0.163	0.157	0.142	0.218	0.160	0.152
	龙坪河段	0.136	0.105	0.159	0.155	0.174	0.182	0.162	0.167
	九江河段	0.182	0.155	0.133	0.156	0.156	0.154	0.138	0.127
	张家洲河段	—	0.159	0.187	0.181	0.161	0.198	0.162	0.164

3.2　长江中下游险工段岸坡稳定情势

3.2.1　三峡水库蓄水前长江中下游河道岸坡稳定情势

1）崩岸情况

长江中下游河道在挟沙水流与河床边界相互作用下，常发生崩岸现象，岸坡失稳发生崩岸是长江中下游河道平面变形的主要方式。

20 世纪 50 年代之前，长江中下游河道基本处于自然演变状态，宜昌站多年平均径流量为 4 500 亿 m³，输沙量超过 5 亿 t。长江中下游河道除有部分山体和阶地濒临江边及在上荆江、武汉、江阴以下零星分布有护岸工程以外，大部分河道处于河漫滩冲积平原，河岸组成大部分为上层黏性土较薄、下层砂性土较厚的二元结构，总体来说抗冲性较差。在广阔的冲积平原上，长江中下游河道按自身的演变规律在纵剖面上不断地发生冲淤变化，在平面上不断地调整平面形态。对于上荆江弯曲型河道、下荆江蜿蜒型河道、城陵矶以下的分汊型河道，乃至徐六泾以下的长江口河段，平面变形较大是该时段内河床演变的一个显著特征，而河道的平面变形主要是通过崩岸来实现的，长江中下游的崩岸总长约占 4 000 km 岸线总长的 1/3，江岸崩塌十分剧烈。

自然状态下，长江中下游河道岸坡的稳定性状况不仅表现在崩岸范围上，也体现在崩岸强度上，长江中下游河道崩岸的强度常以岸线每年崩进的深度来表达。根据长江中下游河道的崩岸调查，可将崩岸强度分为 4 个等级，崩岸岸线后退强度 <20 m/a 称为弱崩，20～<50 m/a 称为较强崩，50～<80 m/a 称为强崩，>80 m/a 称为剧崩。长江中下游演变较剧烈河段的典型代表下荆江河段，在自然状态下崩岸强度一般都可达到较强崩或强崩，莱家铺弯道在 20 世纪 50 年代时，其崩岸强度可达 150 m/a，20 世纪 60 年代可达 100 m/a；1962 年六合甲崩岸强度超过 600 m/a；中洲子人工裁弯新河在发展初期的 1967 年 5 月～1968 年 6 月，河宽由 74 m 增加至 826 m，崩退超过 750 m，坍失土地面积约为 300 万 m^2。在城陵矶以下的分汊河道，就重点河段的崩岸来说，如岳阳河段临湘段，武汉河段龙王庙、月亮湾段，九江河段永安、汇口段，安庆河段三益圩、官洲、杨套段，铜陵河段安定街、太阳洲段，芜裕河段大拐、裕溪口段，马鞍山河段恒兴州段，南京河段七坝、下关、浦口、栖霞段，镇扬河段龙门口、六圩段，扬中河段嘶马、兴隆段，澄通河段老海坝、东方红农场段，长江口河段海门、启东、崇明南缘段等，自然状态下的崩岸强度都很大。

2）岸坡防护情况

为防洪护堤、保护岸线、控制河势，中华人民共和国自成立以来实施了规模宏大的护岸工程。20 世纪 50～60 年代对重点堤防和重要城市的岸坡实施了防护。20 世纪 60～70 年代，在下荆江实施了裁弯工程，兴建了武汉、南京等重点河段河势控制工程，对部分趋于萎缩的支汊进行了封堵。20 世纪 80～90 年代中期，开展了界牌、马鞍山、南京、镇扬等河段的系统治理。据不完全统计，1998 年以前，长江中下游累计完成抛石量为 6 687 万 m^3，沉排为 410 万 m^2，累计完成护岸长度为 1 189 km。1998 年长江发生流域性大洪水后更是掀起了防洪工程建设的新高潮。1999～2003 年，长江重要堤防隐蔽工程对直接危及重要堤防的崩岸段和少数河势变化剧烈的河段进行了治理。

综上所述，三峡水库蓄水前，水沙量巨大的长江中下游河道，其天然二元结构河岸抗冲性较差，自然条件下河道崩岸范围较广，部分河段崩岸强度较大。随着护岸工程的相继实施，河岸的抗冲能力得到明显提高，长江中下游重点河段、重要险工段河势得到初步控制。

3.2.2　三峡水库蓄水后长江中下游河道岸坡稳定情势

1）崩岸情况

三峡水库蓄水运行后，长江中下游来水来沙条件发生较大的改变，长江中下游河道正经历长时间、长距离再造过程。2003～2018 年，长江中下游干流河道共发生崩岸险情 946 处，总长度为 705 km。从图 3.22 和表 3.7 分析可知，三峡水库蓄水初期，长江中下游干流河道崩岸长度有所增加，之后随着河道对新水沙条件的适应调整，尤其是护岸工程的实施，崩岸总体情势趋缓，其中，2014 年和 2016 年受长江中下游较大洪水的影响，崩岸长度有所增加。

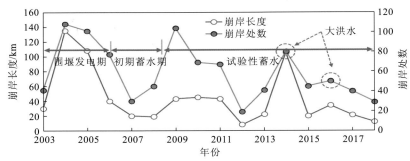

图 3.22　2003～2018 年长江中下游干流河道崩岸情况统计图

表 3.7　2013～2018 年长江中下游干流河道崩岸情况统计表

项目		湖北	湖南	江西	安徽	江苏	总长
岸线长度/km		2 156.3	148.8	242.2	1 112.7	1 169.9	4 829.9
崩岸长度/km	2013 年	4.40	2.21	9.50	8.51	0.84	25.46
	2014 年	14.56	18.24	1.46	51.59	15.74	101.59
	2015 年	20.59	—	—	—	0.01	20.60
	2016 年	18.56	5.00	0.30	5.05	2.04	30.95
	2017 年	3.60	1.15	7.56	4.43	1.31	18.05
	2018 年	1.38	—	1.85	6.843	1.74	11.813
	合计	63.09	26.60	20.67	76.423	21.68	208.463

2）护岸情况

2003 年后，为保障防洪安全，维护河势稳定，研究者开展了部分河段河势控制应急工程建设，2003～2013 年长江中下游干流河道完成治理长度约为 594 km。2016 年以来，按照《加快长江中下游崩岸重点治理实施方案》，研究者开展了宜昌至湖口河段及湖口以下江西、安徽、江苏三省崩岸重点治理工作。截至 2018 年，长江中下游崩岸治理项目已完成护岸近 200 km。在长江中下游河道持续冲刷的背景下，护岸工程的实施有效维护了长江中下游河势及岸线的总体稳定，但局部险工段及主流贴岸未守护段受清水下泄冲刷影响仍存在岸坡失稳风险。

第4章

长江中下游河道造床流量

　　本章首先梳理造床流量的计算方法，并阐明已有造床流量计算方法运用于长江中下游河道时可能存在的局限性；提出适用于长江中下游强冲刷条件的挟沙能力指标造床流量的计算方法；然后分别采用马卡维耶夫法、流量保证率法、平滩水位法和挟沙能力指标法计算三峡水库蓄水前后长江中下游河道造床流量的变化，开展造床作用敏感性研究，揭示影响长江中下游河道造床流量的主要因素；综合考虑防洪及水库减淤等多方面目标，兼顾避免造床流量进一步减少、长江中下游河道不至于产生明显的萎缩效应等方面需求，选择长江中下游典型河段开展冲淤模拟计算，并提出基于典型河段河槽发育的控泄指标。

4.1　造床流量计算方法

目前，河道造床流量的计算方法和有关的研究成果有很多，常见的方法有平滩水位法、输沙率法及水沙综合频率法等（张书农和华国祥，1998；钱宁 等，1987）。从计算方法的发展过程来看，又分为基础型方法和发展型方法两大类。

4.1.1　基础型方法

1. 平滩水位法

平滩水位法认为，当河道水位达到河漫滩滩缘高度（即平滩水位）时水流造床作用最强，相应的流量为造床流量，也称为平滩流量。水流在漫滩前，随着水深增加，流速不断加大，造床作用不断增强；漫滩之后，水流出槽上滩，水流分散且滩地阻力较大，主槽流速受到遏制，因此流量虽然明显增加，但水流的输沙、造床作用却没有增强，甚至会有所降低。因此，平滩流量代表了河槽最有利的输沙条件。

长江中下游河道内，采用平滩水位法计算造床流量是有一定局限性的，其主要原因包括以下两个方面：一方面，长江中下游河道内，尤其是城陵矶以上的河段，受两岸阶地及大量护岸工程的影响，河宽较小，河漫滩并不发育，选择计算平滩流量所需的代表性滩体存在较大的困难；另一方面，受长江中下游"黄金水道"建设的影响，大量的江心洲（滩）和边滩等滩体实施了诸如护滩带、潜坝等形式的护岸工程，滩体冲淤受工程影响较大，难以反映水沙条件对滩体的实际塑造作用。

2. 输沙率法

对于冲积河流而言，河床的自动调整作用和冲淤变化最终取决于来水来沙条件，因此采用实测的水沙条件来分析和计算造床流量是可行的。常用的输沙率法有三种：马卡维耶夫法、地貌功法和最有效流量法。

苏联学者马卡维耶夫（1957）认为，造床流量与输沙能力、造床历时有关。河道输沙能力可认为与流量 Q 的 m 次方及河段的平均水面比降 J 的乘积成正比（m 为 Q-$Q^m JP$ 关系曲线的斜率），流量持续时间可用该流量出现的频率 P 来表示。因此当 $Q^m JP$ 为最大时，其所对应的造床作用也最大，这个流量便是所求的造床流量。该公式经验性较强，目前应用较多。对于代表期的选择、指数 m 的确定和理论分析，许多学者做过深入的研究。①如何选择代表期，是该方法计算造床流量的关键，如果选取的代表期过短，其流量大小及过程的代表性就较差，因而影响结果的合理性。考虑到水文现象具有明显的年周期性，一般将代表期取为一个水文年。②根据实测资料分析，马卡维耶夫法认为平原河流可取 m=2，许多学者也结合河流的实际，对 m 做了不同修正，认为该参数取值和床沙组成、坡降等因素有关。

Leopold 等（1964）提出了地貌功法（输沙率和频率的乘积），并给出了河流有效流量级分析的计算方法。假设河流流量频率服从对数正态分布，输沙率作为流量函数，则流量出现频率与输沙率乘积（地貌功曲线）最大处对应的流量为输沙的有效流量，就长时期内河流输沙量而言在该流量处最大，即为造床流量。1967 年，日本学者造村采用加权平均流量作为造床流量，该方法主要取决于流量过程。

Pickup 和 Warner（1976）在研究坎伯兰（Cumberland）流域河流的特征时，采用了马利特（Marlette）和普林斯（Prins）等提出的最有效流量概念，即在一定时期内，挟带最多床沙质和推移质的流量级。计算平均输沙量有两种方法：迈耶-彼得（Meyer-Peter）和马勒（Muller）方程式与希尔兹（Shields）方程式。前者适用于粒径较粗的河流，是计算输沙量最为可靠的方法之一，但有可能产生矛盾的结果，且计算结果往往偏小；后者计算结果往往偏大。

比较三种输沙率法可知：三种方法是计算输沙率的不同表述，马卡维耶夫法和地貌功法是通过水流条件间接计算输沙率；而最有效流量法是直接计算输沙率。对于长江中下游河道而言，最有效流量法具有较好的物理背景，但近年来，受长江上游以三峡水库为核心的梯级水库建设的影响，长江中下游河道流量、输沙过程和水沙关系均发生显著变化。

3. 流量保证率法

钱宁等（1987）在《河床演变学》中根据美国河流的资料统计，建议采用重现期为 1.5 年的洪水流量作为造床流量，也有学者建议采用多年日均洪峰流量的平均值来作为造床流量（即洪峰流量统计法）。

对于长江中游河道而言，流量保证率法的优势在于，其具有长系列的水文观测资料，但以三峡水库为核心的长江上游水库群建成运行后，特别是三峡水库进入 175 m 试验性蓄水期后，为减轻长江中下游防洪压力，在汛期相继实行削峰调度，拦蓄上游入库洪峰，最大下泄流量控制在 45 000 m³/s 左右。因此，三峡水库蓄水后，若按照这一方法计算长江中下游河道的造床流量，相对于三峡水库蓄水前，其值应是普遍减小的。

4. 河床变形强度法

列亚尼兹认为应采用相应于时段的平均河床变形的流量作为造床流量（张书农和华国祥，1998），建议的河床变形强度指标公式为

$$N = \frac{HJ}{D}\left(\frac{V_1}{V_2} - 1\right) \tag{4.1}$$

式中：D 为河床质粒径；H 为水深；J 为河段的平均水面比降；V_1 为河段上游断面的平均流速；V_2 为河段下游断面的平均流速。

在确定某河段造床流量时，先绘出每一流量相应的河床变形强度指标 N 随时间 t 变化的过程线 $N\text{-}t$，然后从枯水期末开始，绘制河床变形强度指标的累积曲线 $\sum N\text{-}t$，连接该曲线的起点和最大值点，此直线的坡度即为在此期间的平均河床变形强度指标 N_{cp}，最后再由得到的平均河床变形强度指标在流量过程线上求出其相应的流量。这种流量可能有两个，取其平均值即为造床流量。

列氏法将造床流量与河床变形强度相联系，对于造床流量概念的诠释是比较合理的，但在具体某一河段进行运用时，仍然存在一定的问题，比如水面比降不易确定，流速观测资料较少或者受河道形态的影响，出现上游断面流速小于下游断面的情况，进而使得 N 值为负。同时，河床变形强度不完全由流速的绝对值决定，其往往和来流的涨落过程密切相关。可见，河床变形强度指标计算式[式（4.1）]是不完善的。

4.1.2　发展型方法

1. 第一、第二造床流量计算法

韩其为（2004）在研究黄河下游输沙及冲淤规律时，提出了第一造床流量和第二造床流量计算法。第一造床流量的定义是在一定流量和输沙量及河床坡降条件下，可以输送全部来沙且使河段达到纵向平衡的某一恒定流量。第一造床流量稍大于年平均流量，相当于具有浅滩和深槽河段的平浅滩水位对应的流量，决定河道的深槽断面大小、河槽纵比降和弯曲形态，以及河槽一定流量过程的纵向平衡输沙能力。

第二造床流量的定义是在年最大洪水过程中冲淤达到累计冲淤量一半时对应的洪水流量，韩其为（2004）利用洪水过程塑造河床横断面实测资料解释了第二造床流量相当于平滩流量，第二造床流量可决定河道主槽的断面大小，反映洪水塑造河槽的能力。

第一造床流量和第二造床流量可以根据实测水沙过程资料直接计算，且计算结果能间接反映两级平滩流量，由于河槽断面大小是水沙过程塑造的结果，所以通过计算这两个造床流量及其变化，可以建立造床流量与输水量、输沙量及水沙过程的关系。

在计算第二造床流量过程中，输沙能力这一参数尚缺乏与长江中下游河道相适应的计算方法。

2. 输沙能力法

在研究以黄河为代表的多沙河流的造床流量时，张红武等（1994）认为马卡维耶夫法夸大了洪水作用而忽略了泥沙作用，并提出除水流强度以外，含沙量、泥沙粒径、河床边界条件等因素对造床过程及其河床形态也有显著的影响，为反映这些因子的影响，引入水流挟沙能力来反映输沙能力，通过对研究河段典型断面历年的观测流量分级，确定每级的平均流量、流量频率及对应的含沙量，将马卡维耶夫法计算公式改写为

$$G = QS_* \tag{4.2}$$

式中：G 为输沙能力；Q 为流量；S_* 为挟沙能力。其中，关于多沙河流挟沙能力 S_* 的计算，建议采用如下算式：

$$S_* = 2.5\left[\frac{(0.002\,2+S_v)u^3}{\kappa\dfrac{\gamma_s-\gamma_m}{\gamma_m}gH\omega}\ln\left(\frac{H}{6D_{50}}\right)\right]^{0.62} \tag{4.3}$$

式中：S_v 为体积含沙量，与一般含沙量 S 的关系为 $S_v = S/\gamma_s$；γ_s、γ_m 分别为泥沙容重及浑水重度，后者可表示为 $\gamma_m = \gamma+(1-\gamma/\gamma_s)S$，$\gamma$ 为水流容重；u 为流速；D_{50} 为床沙中值粒径；κ、ω 分别为浑水卡门常数和泥沙沉速。

最后，视 $QS_* P^{0.6}$ 最大时对应的流量为造床流量，因此该法也称为输沙能力法。通过引入 S_*，可以在造床流量计算过程中，考虑流量过程，而且还可以通过引入含沙量等水力泥沙因子，适当反映泥沙的影响，反映水流强度及泥沙粒径对造床的作用，从概念上是相对完善的。根据黄河下游的资料计算得到的造床流量与平滩水位法确定的结果相近。可见，输沙能力法仍然适用于多沙河流。

3. 水沙综合频率法

吉祖稳等（1994）认为同一来水过程和造床历时条件下，不同的来沙过程对河床的造床作用不一样；而在同一水流条件及相同含沙量的情况下，某种含沙量的作用时间不同，则河床的变形也不一样。在计算造床流量的过程中，引入"含沙量频率（P_S）"这一概念，提出多沙河流造床流量计算的水沙综合频率法。"含沙量频率"是指一个来沙过程中某一个含沙量在整个过程中出现的次数，并可以以此获得一条含沙量频率曲线，将其作为工作曲线。引入这一概念后，造床流量可用 Q、S、P_Q（流量级对应的频率）、P_S 来确定，即当 Q、S、P_Q、P_S 取最大值时所对应的流量为造床流量。

水沙综合频率法的应用背景是学者认为多沙河流的造床流量分析有必要反映出含沙量的时间因子，同时考虑水量和含沙量的时间因子，能够较好地反映水沙不平衡条件（大水小沙或小水大沙等）下的造床流量变化。但对于长江中下游河道而言，含沙量不是天然状态，而是受工程阻隔后非自然的减小状态，并不能够反映河道的实际输沙能力。

4. 水沙关系系数法

孙东坡等（2013）研究认为国内外关于造床流量的研究较看重实测资料的主导影响，而河床对径流泥沙过程响应的时间因素影响较小。由于黄河下游特殊的来水来沙条件和水沙变异的特点，必须厘清局部时期的畸形波动与长期的稳态平衡之间的关系。一些造床流量确定方法对影响造床作用的泥沙因素考虑不足，在利用近年黄河下游资料计算造床流量时会出现第一造床流量小而第二造床流量大的反常现象。这种反常现象的实质是现实径流泥沙条件以压倒性优势干扰了河流正常的发展，必须寻求决定河流平衡发展机制的控制性约束条件，建立能够反映长系列水沙过程的综合作用与累积效应的造床流量估算方法，避免局部时期的水沙条件及人为干扰对河流发展的阶段性产生偏离影响。

经过大量分析后引入 S^2/Q 来反映黄河下游的水沙特性，将其定义为水沙关系系数。计算造床流量的步骤如下：①由实测日均流量和含沙量资料计算日均水沙关系系数 S^2/Q，得到日均水沙关系系数表；②将河段断面历年（典型年）实测的流量分成若干流量级，并将水沙关系系数分成若干等级；③计算各流量级下实测流量的平均值 Q_i、实测含沙量的平均值 S_i 和实测水沙关系系数平均值 S_i^2/Q_i；④根据各级水沙关系系数出现的天数，确定各级水沙关系系数出现频率 $P_{(S^2/Q)}$，并和水沙关系系数点绘制成水沙关系系数频率曲线"$S^2/Q - P_{(S^2/Q)}$"；⑤由各流量级对应的实测水沙关系系数平均值 S_i^2/Q_i，查水沙关系系数频率曲线，得出各流量级中水沙关系系数的出现频率 $P_{(S_i^2/Q_i)}$；⑥计算各流量级下的 $G_s P_{(S^2/Q)}$，G_s 为输沙率，绘制其对应流量级 Q 的关系曲线图，从图中查出其最大值，与此最大值相应的流量级即为所求的造床流量。

水沙关系系数法能够集中体现中水流量（尤其是平滩流量）造床作用的强度，较好地反映中水流量在造床过程中的作用。

4.1.3　计算方法优化研究

综合上述对已有造床流量计算方法的简单评述来看，目前，对于长江中下游河道而言，不管是基础型方法还是发展型方法，可能都存在一定的局限性，有些是参数不易求，有些是更适宜于多沙河流。因此，要计算出能够合理反映长江中下游现状条件下河道发育特征的造床流量，除了使用现有的方法以外，还需要对其进行适当的优化。

1. 河床变形基本原理

河床变形是水流挟带泥沙运动造成的结果，根据水流挟带泥沙运动的浑水连续方程、浑水运动方程和泥沙连续方程，可以推导出如下二维河床变形方程：

$$\omega'(\alpha_1 S - \alpha_2 S_*) = \rho'\frac{\partial y_0}{\partial t} \tag{4.4}$$

式中：ω' 为泥沙的静水沉速；α_1 和 α_2 为恢复饱和系数；ρ' 为泥沙的干容重；y_0 为河床冲淤变化量，其中静水沉速和干容重都是泥沙的基本属性，恢复饱和系数有一定的取值范围，可以通过实测资料率定求出。因此，河床的变形主要取决于水流含沙量和挟沙能力的对比情况，含沙量大于水流挟带泥沙的能力，河床发生淤积，反之则发生冲刷。当含沙量与挟沙能力相当时，可以称水流挟沙处于饱和状态，河床冲淤平衡。

随着长江上游以三峡水库为核心的梯级水库群相继建设运行，长江中下游河道的含沙量急剧下降，水流挟带的泥沙难以达到饱和状态并将处于较少的水平，河床变形最终取决于水流挟带泥沙的能力。从河床变形的基本原理出发，可以认为当前乃至今后相当长的一段时间内，长江中下游河道的塑造作用将以河床冲刷为主题，且冲刷发展的程度多取决于水流的挟沙能力，从而提出了挟沙能力指标法来计算河道的造床流量。

2. 挟沙能力指标法

河道发育是水沙条件和河道边界条件相互作用的结果，从这个角度出发，计算造床流量应同时考虑这两个因素，以往也不乏相关的尝试，但在具体运用到长江中下游现状条件下时，有些因素由主要因素变成非主要因素，需要进行优化，比如含沙量，长江中下游含沙量极少，尤其是金沙江中下游梯级水电站相继建成运行后，自 2014 年开始宜昌站的年输沙量不足千万吨，2014～2016 年输沙量均值相较于三峡水库蓄水前的多年平均值减少 98%以上，来沙能力已经与河道具备的输沙能力极度不匹配，水流对河道的塑造将更多地取决于其从河床上冲起并挟带泥沙的能力，即水流挟沙能力。从这个角度出发，提出了计算长江中下游造床流量的挟沙能力指标法。

结合长江中下游实际情况来看，研究者选取了几个具有高大滩体且受人类活动干预较小的断面，进行了不同水位下断面水力特性的计算，分别建立了水位与断面平均流速（Z-V）、水位与断面挟沙能力指标（Z-u^3/h，其中，u 为流速，h 为河段的平均水深）的相关关系。可以发现，随着水位的上涨，断面流速和挟沙能力指标并不是持续增大的，而是在某一特定的水位出现转折（图 4.1 和图 4.2），这个转折点即挟沙能力指标的极值点，表征水流挟带泥沙塑造河床的能力达到最大值。可以初步认为这一极值点的水位对应的流量即为造床流量，即水流挟沙能力极值对应的流量，因此，将该法命名为挟沙能力指标法，这一方法结合了来水条件和河道形态两个方面的因素，并且以当下长江中下游面临的冲刷状态为主题，有望在长江中下游造床流量计算过程中得到应用，具体的计算步骤如下：①在长江中下游河道内相对均匀地选取滩槽分明（受人类活动干扰较小）的控制断面，收集三峡水库蓄水前后断面的观测资料；②计算不同水位下的断面平均流速和挟沙能力指标，并建立 $Z\text{-}V$、$Z\text{-}u^3/h$ 关系；③通过上述相关关系，寻找相关关系转折点，即断面挟沙能力指标的极值点，统计相对应的水位，通过邻近水文测站的水位-流量关系查询对应的流量，即为采用该方法计算的造床流量。

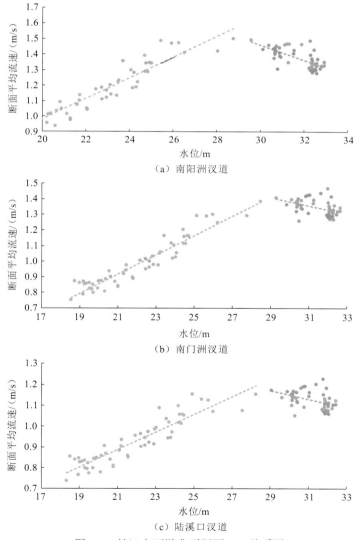

（a）南阳洲汉道

（b）南门洲汉道

（c）陆溪口汉道

图 4.1　长江中下游典型断面 $Z\text{-}V$ 关系图

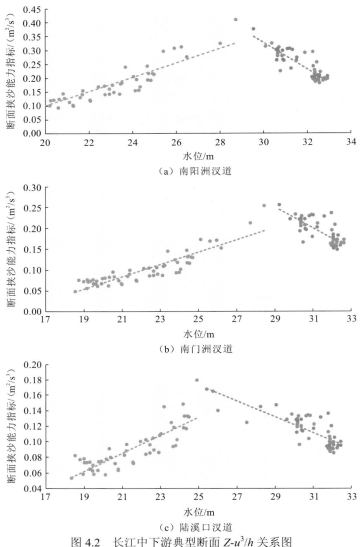

（a）南阳洲汊道

（b）南门洲汊道

（c）陆溪口汊道

图 4.2　长江中下游典型断面 Z-u^3/h 关系图

4.2　长江中下游造床流量计算和影响因素

本节将依次采用马卡维耶夫法、流量保证率法、平滩水位法等基础型方法和本书提出的挟沙能力指标法分别计算三峡水库蓄水前后不同时段长江中下游的造床流量，对比分析三峡水库蓄水前后造床流量的变化，初步评估上述方法在计算长江中下游造床流量时的适用性。基于长江中下游造床流量的优化计算方法，并与已有方法的计算成果形成相互检验，综合定量地给出三峡水库蓄水后长江中下游造床流量的变化幅度，并深入揭示引起造床流量改变的主要因素。

4.2.1　马卡维耶夫法

1. 计算过程

造床流量计算的各类方法多依赖于原型观测数据，因此原始数据的选择极为重要。长江中下游河道受到了很多类别的人类活动的影响，同时江湖关系十分复杂，造床流量计算的数据选取要考虑很多因素，同时还要兼顾控制站的变更情况；本小节主要是研究以三峡水库为核心的上游梯级水库群建设对长江中下游河道造床流量的影响，其中葛洲坝水利枢纽大江截流工程于 1981 年 1 月 4 日合龙，对长江中下游水沙有一定的影响，因此选择 1981～2002 年的水文资料来计算三峡水库蓄水前的造床流量，选择 2003～2016 年的水文资料来计算三峡水库蓄水后的造床流量。马卡维耶夫法计算长江中下游造床流量的过程如图 4.3 所示。具体计算步骤为：①将所求河段断面的历年流量按照一定的流量间距进行分级，并计算各流量级出现的频率；②根据所在河段的流量比降关系曲线确定各流量级所对应的水面比降；③确定 m 的值，根据实测资料，在双对数坐标纸上作出输沙率 G_s 与流量 Q 的关系曲线，对于平原河流，一般取曲线斜率 $m=2$；④绘制 Q-$Q^m JP$ 的关系曲线，其中相应于 $Q^m JP$ 最大值的流量即为所求的造床流量。

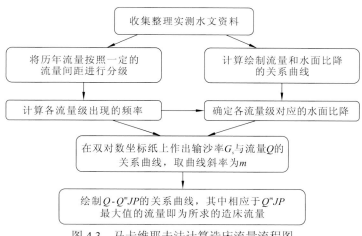

图 4.3　马卡维耶夫法计算造床流量流程图

2. 长江中下游造床流量分级计算

按照马卡维耶夫法的计算步骤，本书长江中下游造床流量的分级计算中，分别将流量按照 2 000 m³/s、3 000 m³/s、4 000 m³/s 和 5 000 m³/s 进行分级。各控制站的造床流量分级计算结果如图 4.4 和表 4.1 所示。各站均取 $Q^m JP$ 第一峰值对应的流量为造床流量。

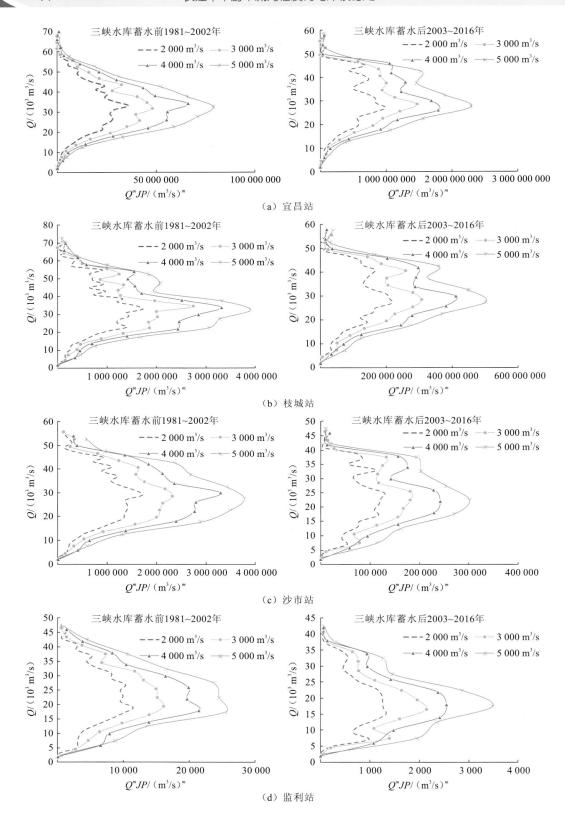

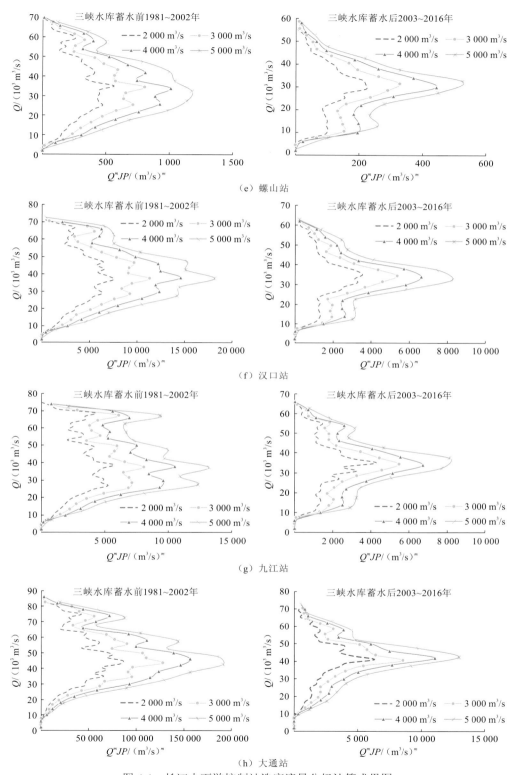

图 4.4 长江中下游控制站造床流量分级计算成果图

表 4.1　长江中下游控制站造床流量分级计算成果表　　　　（单位：m³/s）

时段	流量分级	宜昌站	枝城站	沙市站	监利站	螺山站	汉口站	九江站	大通站
三峡水库蓄水前 （1981～2002 年）	20 000	33 000	33 000	29 000	19 000	35 000	37 000	39 000	45 000
	30 000	31 500	34 500	28 500	19 500	34 500	37 500	37 500	43 500
	40 000	34 000	34 000	30 000	18 000	34 000	38 000	38 000	46 000
	50 000	32 500	32 500	27 500	17 500	32 500	37 500	37 500	42 500
三峡水库蓄水后 （2003～2016 年）	20 000	27 000	27 000	25 000	15 000	29 000	35 000	35 000	41 000
	30 000	28 500	28 500	25 500	16 500	31 500	34 500	34 500	40 500
	40 000	26 000	30 000	22 000	18 000	30 000	34 000	34 000	42 000
	50 000	27 500	27 500	22 500	17 500	32 500	32 500	37 500	42 500
绝对变幅	20 000	-6 000	-6 000	-4 000	-4 000	-6 000	-2 000	-4 000	-4 000
	30 000	-3 000	-6 000	-3 000	-3 000	-3 000	-3 000	-3 000	-3 000
	40 000	-8 000	-4 000	-8 000	0	-4 000	-4 000	-4 000	-4 000
	50 000	-5 000	-5 000	-5 000	0	0	-5 000	0	0

　　综合上述分析来看，三峡水库蓄水后，若采用马卡维耶夫法计算长江中下游的造床流量，不论将流量过程如何分级，其值相对于蓄水前是普遍偏小的，偏小的幅度在不同流量分级下略有差异，从沿程数据的稳定性出发，同时从最接近长江中下游造床流量取值（宜昌站当前采用值为 30 000 m³/s）的角度出发，本小节将 30 000 m³/s 作为造床流量计算的最终取值。可以看到，三峡水库蓄水后，除枝城站造床流量减幅偏大以外，其他各站减小 3 000 m³/s。

4.2.2　流量保证率法

　　流量保证率法计算原始数据与马卡维耶夫法相同。通过绘制各个水文测站蓄水前和蓄水后的洪水流量累计频率曲线，根据钱宁等（1987）的建议，采用重现期为 1.5 年即对应于累计频率 67% 的流量作为造床流量，流量保证率法计算造床流量流程图见图 4.5。

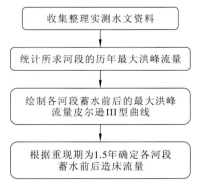

图 4.5　流量保证率法计算造床流量流程图

从三峡水库蓄水后长江中下游流量过程变化的分析来看，2003～2016 年，长江中下游各控制站年实测最大洪峰流量均值均较蓄水前 1990～2002 年的均值偏小，偏小的幅度在 4 830～11 900 m³/s。三峡水库蓄水后，长江上游总体偏枯，这也是长江中下游年最大洪峰流量总体减小的重要因素，加之水库汛期削峰调度的影响，洪峰流量减小的总体趋势初步显现。在这样的背景下，相对于三峡水库蓄水前，三峡水库蓄水后采用流量保证率法计算所得的长江中下游造床流量将会有所偏小。

1. 造床流量的计算和对比

采用流量保证率法计算得到的长江中下游河道三峡水库蓄水前后的造床流量及其变化值如表4.2所示，三峡水库蓄水后，长江中下游河道造床流量普遍减小，与4.2.1 小节的结论基本一致。对比马卡维耶夫法的计算结果，流量保证率法计算的造床流量绝对值及变化幅度都偏大，沿程各控制站造床流量减小幅度以枝城站为最大，这与马卡维耶夫法一致；绝对减幅在 6 600～13 100 m³/s，且沿程无明显增大或减少趋势。

表 4.2　流量保证率法计算的长江中下游造床流量　　　（单位：m³/s）

时段	宜昌站	枝城站	沙市站	监利站	螺山站	汉口站	九江站	大通站
三峡水库蓄水前（1981～2002 年）	46 500	50 700	40 000	35 000	49 500	53 200	54 800	57 400
三峡水库蓄水后（2003～2006 年）	37 400	37 600	31 200	28 400	41 100	45 000	45 700	50 400
绝对变幅	-9 100	-13 100	-8 800	-6 600	-8 400	-8 200	-9 100	-7 000

2. 还原流量过程计算造床流量

为了进一步研究三峡水库蓄水对长江中下游造床流量的影响，本小节通过已建立的长江中下游干流一维数学模型，对三峡水库蓄水运行后长江中下游主要控制站的流量过程进行还原计算，还原计算主要根据三峡水库的坝上水位和出、入库流量，用水库水量平衡方程计算水库的逐日蓄水量的变化值，计算公式如式（4.5）所示：

$$Q_{in} = Q_{out} + \frac{\Delta W}{\Delta t} + \frac{\Delta W_{loss}}{\Delta t} + Q_{div} \tag{4.5}$$

式中：Q_{in} 为时段水库平均入流量；Q_{out} 为时段水库平均出流量；Q_{div} 为时段水库平均引入或引出的流量；ΔW 为 Δt 时段内水库的蓄水量变化值；ΔW_{loss} 为 Δt 时段内水库的损失水量（包括蒸发量、渗漏量）；Δt 为时段长。

为简化计算，不考虑水库的损失水量 ΔW_{loss}，得到式（4.6）：

$$\Delta W = V(Z_{t+1}) - V(Z_t) \tag{4.6}$$

式中：Z_t、Z_{t+1} 分别为 t 时段初和时段末的水库水位；$V(Z_t)$、$V(Z_{t+1})$ 分别为 t 时段初和时段末的水库库容。

记 $\Delta Q = \Delta W / \Delta t$ 为水库平均蓄水流量，则有

$$\Delta Q = \frac{\Delta W}{\Delta t} = Q_{in} - Q_{out} - Q_{div} \tag{4.7}$$

当不考虑水库引水流量时，ΔQ 为正表示水库蓄水，ΔQ 为负表示水库在利用调节库容

加大下泄流量。还原前后宜昌站典型年份的流量过程对比如图 4.6 所示，最为典型的特征是无水库调度下，汛期及汛后宜昌站流量偏大，非汛期则偏小。

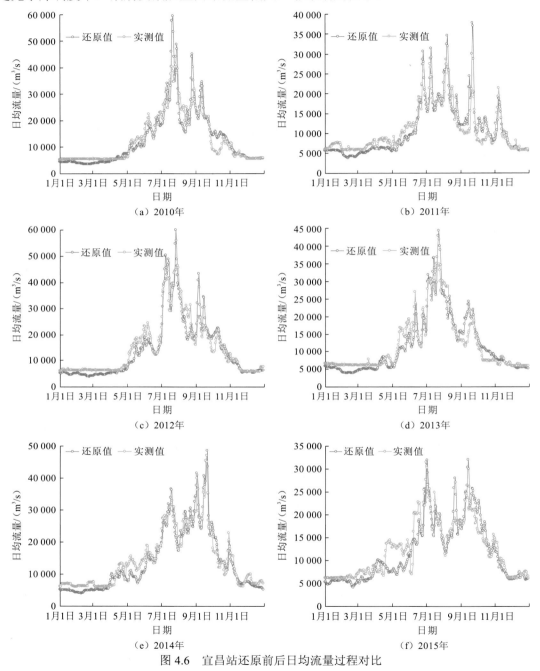

图 4.6　宜昌站还原前后日均流量过程对比

　　根据上述原理得到三峡水库建库前的长江中下游各控制站的流量资料，然后采用流量保证率法来计算还原后的长江中下游各河段的造床流量。选择重现期为 1.5 年的洪水流量作为造床流量，最终计算得到的各河段的造床流量与还原前的造床流量对比，具体结果如表 4.3 所示。

表 4.3　流量保证率法计算的三峡水库建库前后的长江中下游造床流量对比　（单位：m³/s）

计算工况	宜昌站	枝城站	沙市站	监利站	螺山站	汉口站	九江站	大通站
还原计算	41 300	41 000	38 800	34 400	47 900	51 000	51 200	53 300
三峡水库蓄水后	37 400	37 600	31 200	28 400	41 100	45 000	45 700	50 400
绝对变幅	-3 900	-3 400	-7 600	-6 000	-6 800	-6 000	-5 500	-2 900

将根据实测资料计算得出的蓄水后造床流量与根据还原计算得出的流量资料计算得到的造床流量进行对比，发现还原计算后的造床流量普遍大于建库后的造床流量，表明三峡水库蓄水后长江中下游各河段的造床流量减小。比较三峡水库蓄水后造床流量的实际减小幅度（可以理解为综合因素作用下的减小幅度）发现，各控制站水库调度造成的造床流量减小幅度都小于综合因素的作用，但同时也要注意到，这一评估仅仅是针对水库调度造成的流量过程改变程度，并不包含水库蓄水带来的泥沙及河床冲淤调整等效应，因此水库调度对造床流量的影响应比表 4.3 中给出的值偏大。

4.2.3　平滩水位法

长江中下游河道的宽度多限制于堤防工程和山体矶头，河道内河漫滩大多不明显，且滩体因水沙条件而频繁发生冲淤变化，图 4.7 为关洲（枝城站附近）和天兴洲（汉口站附近）两个断面的形态变化。关洲滩体左缘的大幅度崩坍主要由采砂活动等因素造成，而天兴洲滩体受制于围堤和航道整治工程，冲淤不能完全反映水沙条件的作用。因此，可以认为平滩水位法在确定长江中下游河道平滩流量上的局限性主要源自两个方面：一方面，在选择某一时期的河道地形确定平滩高程时，会产生较大的个体误差；另一方面，长江中游（尤其是荆江河段）多数洲滩实施了护岸工程，与天然状态相比，洲滩的冲淤并不仅仅是对来水来沙条件的响应，不能完全反映水沙的塑造作用，导致最终结果也有一定的误差。

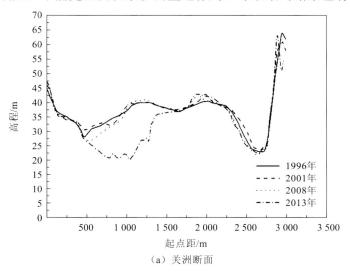

（a）关洲断面

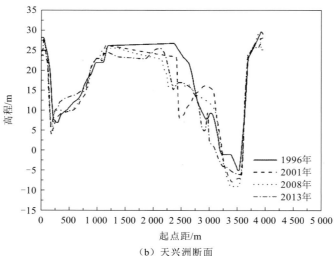

（b）天兴洲断面

图 4.7　长江中下游典型洲滩断面冲淤变化图

　　根据长江中下游河道基本特征和整治实践，余文畴和卢金友（2005）提出可以采用控制站每年月平均水位最高的 4 个月的均值作为平滩水位，结果显示该法计算所得的平滩水位普遍偏低。研究者沿用这种思路，采用每年月平均水位最高的 2 个月的均值作为平滩水位，并根据计算所得的平滩水位，通过水位-流量关系查找出对应的平滩流量，长江中下游平滩水位和平滩流量计算结果如表 4.4 和表 4.5 所示。从表 4.4 和表 4.5 中数据来看，采用每年月平均水位最高的 2 个月的均值作为平滩水位计算出来的平滩流量，与目前长江流域综合治理等规划中平滩流量的采用值基本一致，相较于根据个别滩体高程确定的平滩水位更为合理。

表 4.4　三峡水库蓄水前后长江中下游控制站平滩水位计算成果表　　（单位：m，85 高程）

时段	宜昌站	枝城站	沙市站	监利站	螺山站	汉口站	九江站	大通站
三峡水库蓄水前（1981～2002 年）	46.59	43.38	38.20	31.42	27.59	22.50	16.77	10.96
三峡水库蓄水后（2003～2016 年）	45.30	42.00	37.02	30.77	26.82	21.66	15.66	10.16
平滩水位变幅	-1.29	-1.38	-1.18	-0.65	-0.77	-0.84	-1.11	-0.80

表 4.5　三峡水库蓄水前后长江中下游控制站平滩流量计算成果表　　（单位：m³/s）

时段	宜昌站	枝城站	沙市站	监利站	螺山站	汉口站	九江站	大通站
三峡水库蓄水前（1981～2002 年）	29 400	31 400	25 900	24 700	39 600	42 800	43 600	50 200
三峡水库蓄水后（2003～2016 年）	25 200	25 200	22 100	21 700	34 600	38 400	38 700	45 400
平滩流量变幅	-4 200	-6 200	-3 800	-3 000	-5 000	-4 400	-4 900	-4 800

　　对比三峡水库蓄水前后长江中下游平滩水位整体计算成果发现，三峡水库蓄水后，长江中下游各控制站平滩水位均有所下降，下降幅度在 0.65～1.38 m，其主要原因在于三峡

水库蓄水后，长江中下游径流量总体偏枯，相应水位偏低；再依据控制站的水位-流量关系，可查找出对应的平滩流量。可见，三峡水库蓄水后，各控制站的平滩流量均有所减小，减小幅度在 3 000~6 200 m³/s，与马卡维耶夫法计算得到的造床流量变幅基本相当。

　　同时，为了进一步校核本书所确定的平滩水位的合理性，针对河漫滩相对发育的河段，如沙市河段腊林洲边滩、监利河段凸岸边滩等，套绘其三峡水库蓄水前后滩唇高程变化，从图 4.8 来看，沙市河段腊林洲边滩在三峡水库蓄水前为自然状态，滩缘冲淤变化幅度较大，但滩唇高程除 1998 年为 35 m 以外，其他年份稳定在 38 m 左右，与采用年内最高 2 个月平均水位均值计算得到的沙市河段平滩水位 38.2 m 接近，三峡水库蓄水后，腊林洲边滩滩唇高程仍基本稳定在 38 m，其主要原因在于滩体头部至中部于 2010 年开始实施护岸工程，滩唇高程基本不再随来流条件的变化而发生改变。类似的情况也出现在下荆江河段，下荆江弯道凸岸侧多分布有高大的边滩，从石首弯道向家洲边滩和调关弯道季家咀边滩的滩唇高程来看，前者约为 33 m，后者约为 32.5 m，按照水面比降推算至监利站的平滩水位约为 30.8 m，与表 4.4 的计算值也较为接近。可见，采用年内最高 2 个月平均水位均值计算控制站的平滩水位是较为合理的，其能够有效地避免采用局部滩体滩唇高程进行取值带来的个体误差，以及滩体实施护岸工程产生的影响，这也进一步表明采用这种平滩水位法计算出来的造床流量变化值相对合理。

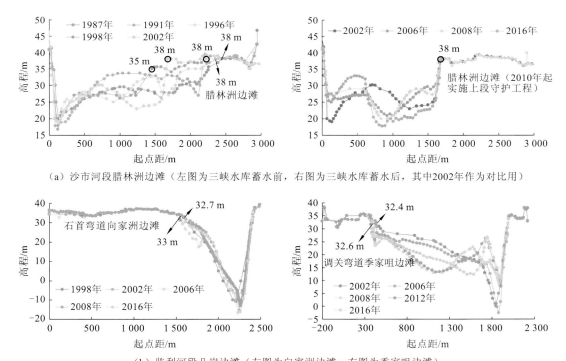

（a）沙市河段腊林洲边滩（左图为三峡水库蓄水前，右图为三峡水库蓄水后，其中2002年作为对比用）

（b）监利河段凸岸边滩（左图为向家洲边滩，右图为季家咀边滩）

图 4.8　长江中下游典型边滩滩唇高程变化图

4.2.4 挟沙能力指标法

1. 不同河段造床流量计算

根据河道内洲滩的利用情况，针对长江中下游尚未修筑堤防和实施整治工程的天然洲滩，选取代表性横断面，收集自 1981 年以来的观测数据，对断面平均流速和挟沙能力指标进行计算，并建立其与水位的相关关系，基于挟沙能力指标法统计出三峡水库蓄水前后，长江中下游沿程的造床流量及其变化情况，如表 4.6 所示，其中，宜昌至枝城河段为山区河流向平原河流的过渡段，河床边界对于河道发育的控制作用较强，甚至直接决定洲滩的冲淤变化，因此，宜昌站的造床流量是采用枝城站的流量值，根据两者实测的流量相关关系推算出来的，其他控制站基本能在上下游河段内找到合适的洲滩控制断面。从计算结果来看，宜昌至城陵矶河段内造床流量减小的幅度在 $2\,500\sim4\,700\ \mathrm{m^3/s}$，枝城站减幅最大，监利站的减幅最小。城陵矶以下河段的造床流量减幅基本都在 $3\,000\ \mathrm{m^3/s}$ 左右，采用挟沙能力指标法与马卡维耶夫法及平滩水位法计算的结果较为接近。

表 4.6　挟沙能力指标法计算的三峡水库蓄水前后长江中下游沿程造床流量　（单位：$\mathrm{m^3/s}$）

控制站	三峡水库蓄水前	三峡水库蓄水后	变化值	统计断面
宜昌站	33 500	29 300	-4 200	—
枝城站	34 900	30 200	-4 700	荆 6 断面
沙市站	30 500	27 200	-3 300	荆 28 断面、荆 58 断面
监利站	27 500	25 000	-2 500	荆 144 断面、荆 177 断面
螺山站	35 000	31 700	-3 300	CZ04-1 断面、界 Z3+3 断面、CZ10-1 断面
汉口站	43 000	40 200	-2 800	CZ58-1 断面、CZ72 断面、CZ76-1 断面
九江站	44 000	40 700	-3 300	CZ108-1 断面、CZ118 断面
大通站	50 500	47 700	-2 800	CX63 断面+CX69 断面、CX85 断面、CX178 断面

2. 对挟沙能力指标法的检验

挟沙能力指标法的关键是要找到河段水流挟带泥沙能力的极值，且对断面的形态有要求，单一的河道形态无法计算出这个极值，仍然有赖于资料的代表性。为了进一步检验该计算方法的合理性，需要进一步建立长江中下游分级流量-含沙量的相关关系，其基本原理在于，三峡水库蓄水前 1981～2002 年，长江中下游整体冲淤相对平衡，在这样的条件下，流量-含沙量的相关关系存在转折点，这个转折点可以理解为水流挟带泥沙的最大能力，通俗地说，这个转折点对应的含沙量可以认为是水流挟沙能力，对应的流量对河床的塑造能力最强（图 4.9）。然而，这一关系在三峡水库蓄水后是不存在或者不明显的，也就是说三峡水库蓄水后长江中下游全程都处于次饱和输沙状态（图 4.10）。因此，只能用该法对采用挟沙能力指标法计算得到的三峡水库蓄水前的造床流量进行检验。

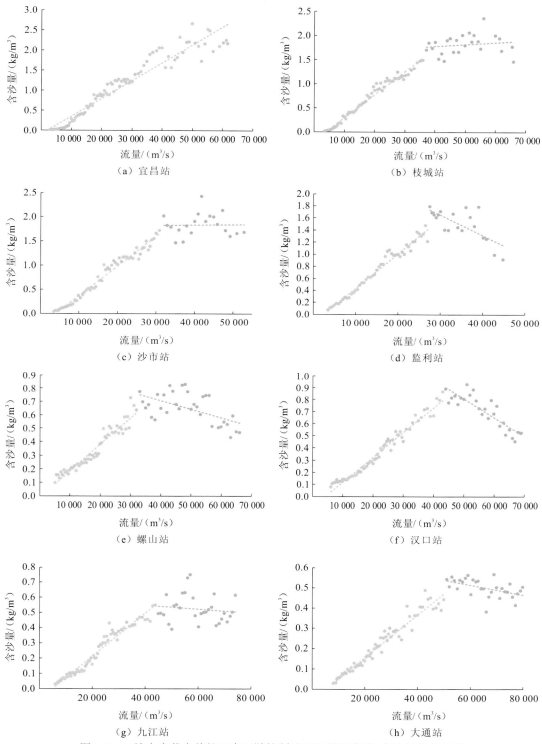

图 4.9　三峡水库蓄水前长江中下游控制站不同量级流量-含沙量相关关系

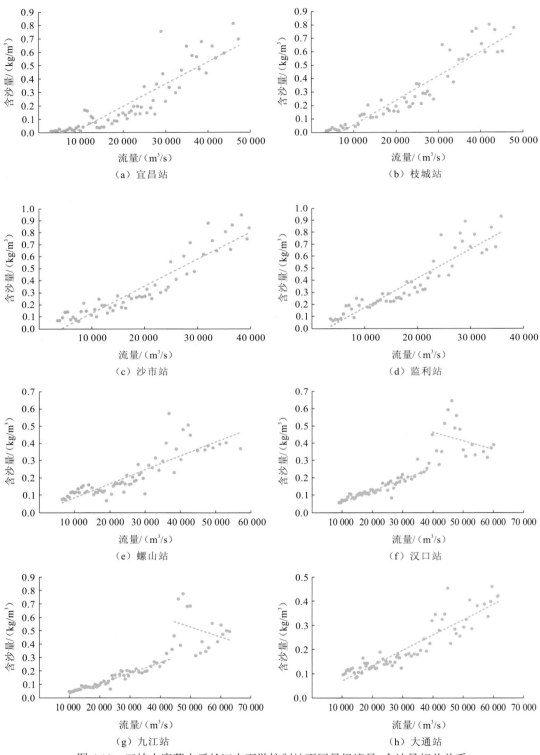

图 4.10　三峡水库蓄水后长江中下游控制站不同量级流量-含沙量相关关系

从图 4.9 来看，三峡水库蓄水前，由于宜昌至枝城河段位于山区河流向平原河流过渡区域，所以枝城站流量与含沙量相关关系不明显，宜昌站流量与含沙量的关系曲线无法确定转折点，但自枝城站往下，开始出现冲积平原河流的特征，这种转折特征也越来越明显，并且转折点对应的控制站流量与采用挟沙能力指标法计算的造床流量值十分接近，表明采用挟沙能力指标法计算的造床流量是较为合理的。

4.2.5 四种计算方法的比较

对采用马卡维耶夫法、流量保证率法、平滩水位法和挟沙能力指标法计算得到的三峡水库蓄水前后长江中下游各控制站造床流量结果及其变化量进行统计整理，具体结果如表 4.7 和表 4.8 所示。

表 4.7 四种方法计算的造床流量结果对比

控制站	三峡水库蓄水前造床流量/（m³/s）				三峡水库蓄水后造床流量/（m³/s）			
	马卡维耶夫法	流量保证率法	平滩水位法	挟沙能力指标法	马卡维耶夫法	流量保证率法	平滩水位法	挟沙能力指标法
宜昌站	31 500	46 500	29 400	33 500	28 500	37 400	25 200	29 300
枝城站	34 500	50 700	31 400	34 900	28 500	37 600	25 200	30 200
沙市站	28 500	40 000	25 900	30 500	25 500	31 200	22 100	27 200
监利站	19 500	35 000	24 700	27 500	16 500	28 400	21 700	25 000
螺山站	34 500	49 500	39 600	35 000	31 500	41 100	34 600	31 700
汉口站	37 500	53 200	42 800	43 000	34 500	45 000	38 400	40 200
九江站	37 500	54 800	43 600	44 000	34 500	45 700	38 700	40 700
大通站	43 500	57 400	50 200	50 500	40 500	50 400	45 400	47 700

表 4.8 四种方法计算的三峡水库蓄水前后造床流量变化量对比 （单位：m³/s）

控制站	马卡维耶夫法	流量保证率法	平滩水位法	挟沙能力指标法
宜昌站	−3 000	−9 100	−4 200	−4 200
枝城站	−6 000	−13 100	−6 200	−4 700
沙市站	−3 000	−8 800	−3 800	−3 300
监利站	−3 000	−6 600	−3 000	−2 500
螺山站	−3 000	−8 400	−5 000	−3 300
汉口站	−3 000	−8 200	−4 400	−2 800
九江站	−3 000	−9 100	−4 900	−3 300
大通站	−3 000	−7 000	−4 800	−2 800

对比造床流量不同计算方法的结果发现，无论是在三峡水库蓄水前还是蓄水后，采用马卡维耶夫法、平滩水位法和挟沙能力指标法计算出来的结果较为相近，且都与流量保证率法有较大差距，采用流量保证率法计算得出的造床流量均大于其他 3 种方法计算得出的

造床流量。

（1）马卡维耶夫法计算得出的造床流量是在考虑了输沙能力和流量历时长短两种因素的情况下求出的，既考虑到了输沙能力对河床的塑造作用，又考虑到了流量级的持续时间对河床的塑造作用，具有一定的理论基础，物理意义明显，所以计算出来的结果可靠性更高，但相对变化值往往受到流量分级的限制，难以体现沿程的变化。

（2）流量保证率法则是根据经验选择某一重现期的洪水流量来作为造床流量，这种方法经验性比较强，同时蓄水后长江中下游存在水量偏枯的事实，该法得出的结果能反映造床流量沿程的变化趋势，但单一地依赖于流量过程，无法体现河道的响应。

（3）平滩水位法是基于水位的变化确定平滩流量，但是水位往往同时受水沙条件和河道边界的双重影响，本书研究打破了常规的选用特定滩体高程确定平滩流量的方法，采用新的统计方式计算长江中下游平滩水位，从计算出的造床流量绝对值及变化量来看，其能够弥补马卡维耶夫法对沿程变化反映上的不足和流量分级的限制。

（4）4.2.4 小节提出的挟沙能力指标法同时考虑了水流塑造和河床响应两种因素，并采用水流挟沙的基本特征进行验证，变化量与马卡维耶夫法较为接近，且同时能反映沿程的变化特点。

综上认为，造床流量变化值可综合马卡维耶夫法、平滩水位法和挟沙能力指标法 3 种方法给出。三峡水库蓄水后，在宜昌至城陵矶河段，沿程受分汇流的影响，造床流量自 30 000 m³/s 减小至 25 000 m³/s，相对于蓄水前造床流量的减小幅度在 2 500～4 500 m³/s；城陵矶以下河段造床流量自 32 000 m³/s 增大至 48 000 m³/s，造床流量相对于蓄水前减小约 3 000 m³/s。

4.2.6　造床流量变化的影响因素

钱宁等（1987）在研究影响造床流量的因素时发现，对于不同的河流，采用同一种方法计算出来的造床流量差别是相当大的，造床流量究竟更接近于小洪水或中水以下的流量，还是与较大的洪水流量相接近，这由河流的性质来决定。而河流性质取决于流量大小与河岸和河床组成物质可动性的对应关系，涉及洪峰特点和物质组成两个主要因素，后者严格地讲还应包括植被生长的因素。因而，影响造床流量的首要因素应分别是来水条件和河道边界条件。

除了上述条件以外，从以往的研究成果和 4.1 节梳理的多个造床流量计算方法来看，影响河道造床流量的因素还应包括来沙情况，尤其是多沙河流。更进一步来看，来水来沙不仅仅影响造床流量值，它还含有持续时间的概念，因为造床是一个长历时的持续性过程。因此，影响长江中下游造床流量的因素大致可以概括为两个基本方面：一是来水条件，包括总量和过程，反映水流对河床的塑造强度；二是河道边界条件，体现河床的可塑造程度。而这两个基本因素又可以衍生出许多具体的因素，比如造成来水条件变化的水文周期变化、水库调度运行、江湖分汇流关系变化等；而河道边界条件则包括治理和保护工程、植被生长及河床组成的变化等，本小节就影响长江中下游造床流量变化的几个具体因素展开分析。

1. 水文周期变化的影响

近年来，尤其是三峡水库蓄水后，长江上游进入径流偏枯的水文周期，降雨量偏少（图 4.11），导致进入长江中下游的径流量相应偏少（三峡水库蓄水后除监利站以外，沿程其他各站年径流量都相对于三峡水库蓄水前偏少）。同时降雨与输沙之间也存在一定的对应关系，降雨偏少同样也会导致河道泥沙来源的减少，三峡水库蓄水后，长江上游降雨量偏少与寸滩站输沙量减少有一定关系（图 4.12）。可见，三峡水库蓄水后，长江干流相对偏枯的水文周期是长江中下游造床流量计算值相对于三峡水库蓄水前偏小的重要因素之一。

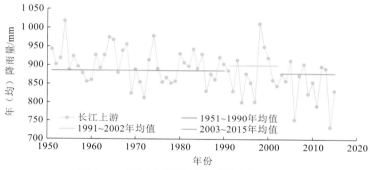

图 4.11　长江上游降雨量不同时段对比图

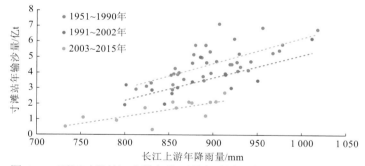

图 4.12　不同时段长江上游年降雨量与寸滩站年输沙量的相关关系

2. 水库调度运行的影响

水库调度运行对长江中下游河道造床流量的影响体现在来水条件和河道边界条件两个方面，前者的影响更为直接。对于长江中下游而言，三峡水库可以作为上游梯级水库群调度的下边界，其调度对径流过程和泥沙的影响最为直接。对于泥沙的影响基本已有定论，拦沙效应使得近几年宜昌站输沙减幅在98%以上，这会对采用马卡维耶夫法计算造床流量产生直接的影响。水库调度基本上不改变出库的年径流量，但由于水库陆续开展的枯水期补水、汛期削峰和汛后提前蓄水等运行方式，水库对长江中下游河道径流过程的影响越来越明显，其中枯水期补水和汛后提前蓄水主要影响中小水流量，对造床流量的影响较小；

汛期削峰调度改变的是天然的洪水过程，最为明显的是洪峰流量削减，本书研究采用还原计算，宜昌站的洪峰流量及洪峰出现时间如表 4.9 所示，自 2009 年开始，三峡水库对宜昌站洪峰流量的削减幅度大多在 20% 以上。因此当采用马卡维耶夫法或者流量保证率法计算造床流量时，三峡水库蓄水后的造床流量都有所偏小。

表 4.9　宜昌站逐年实测与模拟的洪峰流量及洪峰出现时间比较表

年份	洪峰出现时间		洪峰流量		
	实测	还原后	实测/（m³/s）	还原后/（m³/s）	减小程度/%
2003	9 月 4 日	9 月 4 日	47 300	47 300	0.000
2004	9 月 9 日	9 月 8 日	58 400	60 500	3.596
2005	8 月 31 日	8 月 31 日	46 900	47 200	0.640
2006	7 月 10 日	7 月 10 日	29 900	29 900	0.000
2007	7 月 31 日	8 月 1 日	46 900	51 400	9.595
2008	8 月 17 日	8 月 17 日	37 700	37 800	0.265
2009	8 月 5 日	8 月 7 日	39 800	51 100	28.392
2010	7 月 27 日	7 月 22 日	41 500	58 300	40.482
2011	6 月 27 日	9 月 22 日	27 400	37 600	37.226
2012	7 月 30 日	7 月 26 日	46 500	60 000	29.032
2013	7 月 20 日	7 月 23 日	35 000	47 100	34.571
2014	9 月 20 日	9 月 21 日	46 900	49 600	5.757
2015	7 月 1 日	9 月 14 日	31 400	36 700	16.879

水库调度除了直接改变长江中下游的来水条件以外，还带来河道边界的变化，河床普遍冲刷，断面形态、纵剖面形态、洲滩形态乃至床面形态都会发生相应调整，在某些冲刷相对剧烈的河段内，如荆江河段，断面过水面积增大、比降调平、洲滩萎缩及河床粗化等具体响应都开始显现，这些调整的最终目的都是试图降低水流流速，使得河道的挟沙能力与来沙匹配，从而使河流趋向于平衡状态。从这个意义上来讲，三峡水库蓄水后，长江中下游造床流量也应较三峡水库蓄水前减小，进而促进河流向平衡状态演进。

3. 河道（航道）治理工程的影响

三峡水库蓄水后，长江中下游河道普遍冲刷，滩体也以冲刷萎缩为主，同时局部伴随有崩岸的发生，为了稳定重点河段河势，同时配合长江"黄金水道"建设，保证和进一步改善、提升长江中下游的通航条件，水利部和交通运输部均在长江中下游河道实施了相应的整治工程，工程大多以守护为主体形式，包括中低滩滩体守护、高滩滩缘和河岸守护。这些工程改变了局部河道边界的可动性，中断了被守护地貌单元对水沙过程自然的、连续的响应，当选用这些滩体作为平滩水位法或者挟沙能力指标法确定造床流量的对象时，滩体的变形受到限制，往往不能够反映出滩体冲淤与水沙条件变化的响应关系。尽管河道治理工程也会改变局部的水流结构，但对长河段、长系列的水沙条件影响较小，因此，这一类工程对造床流量的影响主要在于改变了局部河道边界的可动性。

4. 江湖分汇流关系变化的影响

长江中下游水系庞大，江湖关系演变极为复杂，尤其是长江与洞庭湖形成分汇流网络，且近几十年受河湖治理工程、水利枢纽工程等多方面因素的影响，荆江三口分流量、分沙量不断减少，除个别口门外，中小水陆续出现长时间断流的现象，即长江上游来水更多地由长江中游干流河道下泄，荆江三口分流量减少。这也是三峡水库蓄水后，监利站水量略偏丰的主要原因之一。荆江三口分流的能力并没有明显的改变，尤其是中高水以上干流径流量与荆江三口分流量的关系没有发生明显的变化，三峡水库蓄水后，荆江三口分流量的减少绝大部分原因在于来流偏枯，尤其是高水期径流量减少（表 4.10），使得荆江三口年内分得大流量的机会减少。因此，总体来讲，相对于三峡水库蓄水前，三峡水库蓄水后长江中下游江湖关系尚未发生明显的改变，分流量的改变仍主要与水文周期有关，对造床流量变化的贡献不大。

表 4.10 不同时期枝城站径流量与荆江三口分流量变化

项目	枝城站		荆江三口	
	年径流量/亿 m³	汛期径流量/亿 m³	年分流量/亿 m³	汛期分流量/亿 m³
1956～1967 年	4 530	2 720	1 320	993
1968～1985 年	4 460	2 700	880	686
1986～2002 年	4 370	2 650	635	529
2003～2014 年	4 090	2 400	490	418
差值 1	−70	−20	−440	−307
差值 2	−90	−50	−245	−157
差值 3	−280	−250	−145	−111

注：差值 1=1968～1985 年相应数据值−1956～1967 年相应数据值；差值 2=1986～2002 年相应数据值−1968～1985 年相应数据值；差值 3=2003～2014 年相应数据值−1986～2002 年相应数据值。

5. 滩地开发利用的影响

据不完全统计，长江中下游干流河道内洲滩数为 406 个（不含长江口的太平洲、崇明岛、横沙岛和长兴岛），洲上人口合计约为 129.3 万人，总面积约为 2 512.7 km²，其中平垸行洪双退垸为 120 个，平垸行洪已实施单退垸为 223 个，未实施单退垸为 14 个，未纳入平垸行洪规划洲滩民垸为 49 个。对于造床流量的影响，滩地开发利用与河道（航道）治理工程存在相似之处，滩体开发利用，修堤圩垸，人为减少了高洪水漫滩的概率，洲滩过流机会减少后，草木生长，过流阻力也会相应地增大，有加大造床流量的作用。

4.3　长江中下游典型河段造床流量变化及造床作用敏感性

4.3.1　典型河段造床流量变化及影响因素

长江中下游按照河道属性一般划分为宜昌至枝城河段、荆江河段、城陵矶至汉口河段和汉口至湖口河段，每一河段内几乎都分布有弯曲、分汊和顺直 3 种河型，其中分汊河型分布较为广泛，荆江河床演变的最初阶段即为江汉三角洲分汊河床阶段，目前上荆江整体仍为微弯分汊形态，下荆江也有分汊河型分布，城陵矶至九江河段分汊河段河长占比高达 78.9%。三峡水库蓄水后，长江中下游河道全程冲刷，从河道断面形态的调整规律来看，分汊河型的变化最为剧烈，出现了"主支易位""支汊发展快""支汊淤积"等多种模式。从河道发育的角度来看，汊道交替发展有利于保证分汊河型的稳定；从防洪安全的角度来看，水流分汊后，各股汊道的流量小于分流前的流量，可减轻河道两岸的防洪压力；从社会效应来看，长江干流沿岸分布有大量的涉水工程，若有汊道淤塞，势必影响其两岸取用水设施的运行。因此，本小节以沙市河段、白螺矶河段和武汉河段 3 个典型河段为代表开展造床流量变化的典型性分析。

1. 典型河段造床流量变化

针对三峡水库蓄水后长江中下游河道不同河型的分布和冲淤特征，并结合长江中下游防洪的控制性节点，本书主要选择沙市河段、白螺矶河段和武汉河段 3 个河段开展造床流量变化的典型性分析和研究。从 4.2 节采用不同方法计算（不含流量保证率法）的各河段的造床流量来看，在沿程分汇流的影响下，3 个河段造床流量沿程增大；相对于三峡水库蓄水前，三峡水库蓄水后 3 个河段的造床流量均有所减小，且减幅基本都在 3 000 m³/s 左右。若按挟沙能力指标法给出当前各河段的造床流量，则沙市河段约为 27 200 m³/s，白螺矶河段约为 31 700 m³/s，武汉河段约为 40 200 m³/s（表 4.11）。

表 4.11　三峡水库蓄水前后长江中下游典型河段造床流量变化对比　　　（单位：m³/s）

河段	控制站	三峡水库蓄水前造床流量			三峡水库蓄水后造床流量		
		马卡维耶夫法	平滩水位法	挟沙能力指标法	马卡维耶夫法	平滩水位法	挟沙能力指标法
沙市河段	沙市站	28 500	25 900	30 500	25 500	22 100	27 200
白螺矶河段	螺山站	34 500	39 600	35 000	31 500	34 600	31 700
武汉河段	汉口站	37 500	42 800	43 000	34 500	38 400	40 200

2. 典型河段造床流量影响因素

1）水文周期的影响

关于水文周期的分析主要包括两个方面：一是周期的突变性，判断三峡水库蓄水后，

3 个典型河段的控制站的径流条件是否较蓄水前发生了改变，主要是基于曼-肯德尔（Mann-Kendall，M-K）趋势检验方法；二是周期的趋势性，在识别径流条件突变点的基础上，进一步研究三峡水库蓄水后 3 个河段控制站径流变化的趋势，明确是处于径流偏枯的周期还是偏丰的周期。

　　基于 M-K 趋势检验方法，正序列统计量 UF 和逆序列统计量 UB 两条曲线出现交点，且交点在临界直线之间，交点对应时刻为突变开始时刻。枝城站、沙市站、螺山站及汉口站 1956～2015 年年径流量序列 M-K 趋势检验统计变化过程见图 4.13。从图 4.13 来看：沙市河段上游枝城站只有一个突变点，突变时间在 2000 年左右。沙市站有两个以上突变点，第一个突变点在 1956 年左右，M-K 趋势检验上下趋势线存在多次交叉，表明该时段径流振荡剧烈，变化频繁。白螺矶河段中部螺山站有一个突变点，在 2004 年左右。汉口站有两个突变点，第一个突变点在 1956 年左右，第二个突变点在 2005 年左右，在 2005 年以后，M-K 趋势检验上下趋势线存在多次交叉，表明该时段径流振荡剧烈，变化频繁。可见，3 个典型河段在三峡水库蓄水后（2003～2005 年），年径流量都出现了突变，下面采用滑动平均法进一步研究突变的趋势。

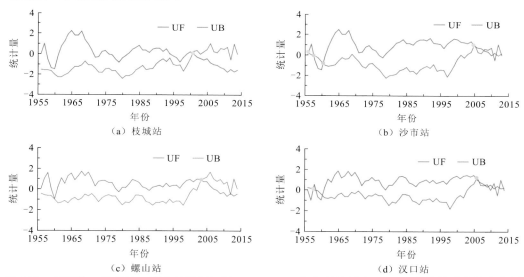

图 4.13　枝城站、沙市站、螺山站及汉口站 1956～2015 年年径流量序列 M-K 趋势检验统计变化图

　　滑动平均法是通过选择合适的滑动年限 K 值，使序列高频振荡的影响得以弱化，据此研究系列的趋势变化规律。为消除年径流系列周期性的影响，一般选用与系列周期相近的年数作为 K 值。根据相关研究成果，年径流与太阳黑子活动有一定的关系，而太阳黑子活动是具有周期变化的，其平均周期约为 11 年，短的只有 9 年，长的可达 14 年。因此，为分析方便起见，长江中下游控制站的年径流量一般取 10～11 年进行滑动平均统计。

　　（1）沙市河段。枝城站、沙市站 1956～2018 年多年平均年径流量分别为 4 379 亿 m³、3 908 亿 m³，两站年径流量序列及其滑动平均过程、年径流量模比系数及模比差积曲线变化过程见图 4.14（a）、（b）。从图 4.14 可以看出：枝城站年径流量序列周期性波动，从滑动平均过程可以看出，自 20 世纪末开始，枝城站年径流系列略呈减少趋势；从模比系数及模比差积过程可以看出，枝城站年径流年际丰、枯变化较频繁，但变幅不大。20世纪 80 年代初～21 世纪初，枝城站径流量一直处于增加趋势，但自进入 21 世纪以来，模比差积出现减少趋势，并一直持续到 2015 年前后。沙市站年径流量的变化与枝城站类似，三峡水库蓄水后 2005 年左右开始进入相对偏枯的水文周期，并持续至 2015 年前后。

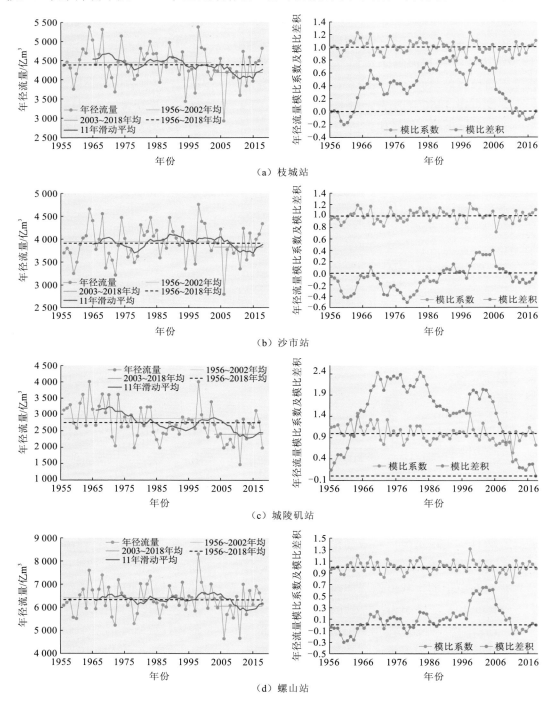

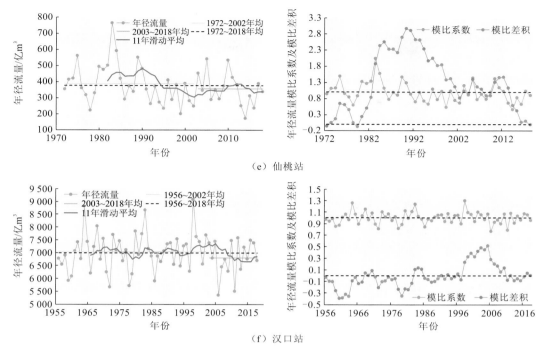

（e）仙桃站

（f）汉口站

图 4.14　典型河段控制站年径流量序列及其滑动平均过程、年径流量模比系数及模比差积曲线变化过程

（2）白螺矶河段。白螺矶河段的径流分别来自长江干流和洞庭湖入汇，城陵矶站的多年平均年径流量大约占螺山站的43.5%。城陵矶站、螺山站1956～2018年多年平均年径流量分别为 2 749 亿 m³、6 321 亿 m³，两站年径流量序列及其滑动平均过程、年径流量模比系数及模比差积曲线过程见图 4.14（c）、（d）。从图 4.14 中可以看出：城陵矶站年径流量序列周期性波动，从滑动平均过程可以看出，自有观测资料以来，城陵矶站年径流量总体呈减少趋势，三峡水库蓄水后偏枯的现象更为明显；从模比系数及模比差积过程可以看出，1970 年前其年径流量一直处于增加的趋势，此后至 20 世纪 80 年代中期保持稳定，20 世纪 80 年代后期开始出现减少的趋势，尤其是 2003～2008 年，减少趋势明显。相反地，螺山站径流以周期性变化为主，未出现明显的减小趋势，只是三峡水库蓄水后的 2005～2013 年处于相对偏枯的状态。

（3）武汉河段。武汉河段的径流分别来自汉江和长江干流，汉江仙桃站多年平均（1972～2018 年）年径流量占汉口站同期的 5.4%，占比较小。仙桃站、汉口站截至 2018 年多年平均年径流量分别为 377 亿 m³、6 984 亿 m³，两站年径流量序列及其滑动平均过程、年径流量模比系数及模比差积曲线过程见图 4.14（e）、（f）。从图 4.14 中可以看出：仙桃站年际径流量周期性变化，其滑动平均值呈现不显著的减少趋势，模比差积曲线在 1990 年前呈波动上升趋势，此后至 21 世纪初持续呈波动下降趋势，2000～2012 年相对稳定，2012 开始进入新一轮的下降趋势。汉口站年径流量也呈周期性变化，20 世纪 90 年代中期，年径流量模比差积曲线一直处于稳定状态，此后至 2005 年持续上升，2005 年开始呈现持续下降趋势。

综上可见，三峡水库蓄水前 10 年，沙市河段、白螺矶河段和武汉河段上游来水均处于相对偏丰的水文周期，而三峡水库蓄水后，3 个河段上游来水（无论是干流来流还是支流来流）处于相对偏枯的水文周期。同时，长江中下游干流各站的流量与水位相关关系较好，流量偏小也会导致水位偏低，流量和水位都是计算造床流量的各种方法中包含的主要参数，因此，各种方法计算出的三峡水库蓄水后的造床流量均较蓄水前偏小。可见，水文周期的变化决定了三峡水库蓄水后长江中下游造床流量减小的总基调。

2）三峡水库调度的影响

三峡水库调度对长江中下游河道造床流量的影响具有综合性。一方面，水库拦沙造成长江中下游河道冲刷，滩槽格局调整，同流量下水位下降，从而造成造床流量减小。从本书研究的 3 个典型河段来看，这一方面的影响在沙市河段最为显著，沙市河段的冲刷强度居长江中下游首位，沙市站中低水同流量下水位显著下降，中高水同流量下水位也出现下降趋势，河段内分布有多处洲滩，除实施护岸工程的部位和高滩以外，其他滩体多有冲刷[图 4.15（a）]。白螺矶河段和武汉河段虽然也有冲刷，但冲刷强度不及沙市河段，且滩体都较为稳定[图 4.15（b）、（c）]，螺山站和汉口站同流量下中高水位相对稳定，河心滩体高大且头部低滩也实施了护岸工程，因此，三峡水库调度对其影响并不明显。另一方面，三峡水库自进入 175 m 试验性蓄水期后，先后开展了汛期削峰调度和汛前补水调度等优化调度试验，尤其是削峰调度控制了宜昌站高水出现的频率，高水频率下降，对应高水位出现频次减小，对造床流量的影响与偏枯的水文周期类似。可见，三峡水库的综合调度也可能使长江中下游造床流量趋于减小。

3）其他因素的影响

对于 3 个典型河段，影响造床流量的其他因素主要包括分汇流、河道（航道）治理工程及河道采砂等。其中，2003 年长江中下游河道采砂规划中将整个荆江河段均划为禁采河段，长江新螺江段于 1992 年被划为白鱀豚国家级自然保护区（洪湖新滩口至螺山 120 km 的长江江段），武汉河段也仅在铁板洲附近规划有采砂区，因此，三峡水库蓄水后，3 个典型河段内采砂活动较少，采砂活动的影响基本可以剔除。

（1）三峡水库蓄水后，沙市河段位于上荆江沙质河床起始段，是冲刷发展最快、冲刷强度最大的河段，其造床流量的变化主要受水文周期和水库调度的影响。位于该河段的太平口分流变化不明显；河道内虽然实施了多期次的航道治理工程，但工程基本位于中低滩部分（三八滩上段和腊林洲中部低滩），对河段造床流量的影响有限。

（2）三峡水库蓄水后，洞庭湖入汇长江干流的径流、泥沙无明显趋势性调整，白螺矶河段河床冲刷，但位于河心的南阳洲受护岸工程的影响，冲淤变化较小，滩槽格局较为稳定，江湖汇流与治理工程对造床流量的影响也较小。

（3）武汉河段内边滩和洲滩较为发育，其中：天兴洲洲体高大，洲体筑有堤防，除低滩部分，高滩少有过流，而头部低滩也实施了护岸工程；两岸边滩实施了大量的江滩工程，即使年内有漫滩洪水，水流也几乎无法发挥造床作用，因此采用平滩水位法计算该河段的造床流量，无法反映其不同时段的变化。对比沙市河段和白螺矶河段，武汉河段洲滩利用率高，对造床流量的影响程度也略大。

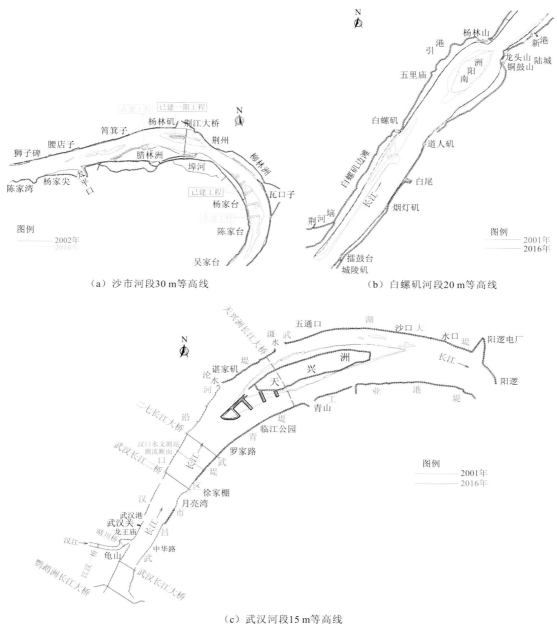

（a）沙市河段30 m等高线　　　　　　　　　　（b）白螺矶河段20 m等高线

（c）武汉河段15 m等高线

图 4.15　三峡水库蓄水后典型河段洲滩特征等高线变化

3. 基于典型河段河槽发育的控泄指标

随着年内来流的变化，分汊河道主流会在汊道间摆动，城陵矶以下分汊河段这种特征十分明显，同时这种水力特征也是分汊河道得以稳定存在和发育的前提条件。对于南阳洲和天兴洲汊道段，统计两河段历年超过造床流量的流量级持续时间，以及高水主流倾向性汊道内固定断面在平滩水位下的河床高程变化值，同时考虑到河床变形具有滞后效应，建立持续时间与滞后一年的河床高程、过水断面面积变化值的相关关系，如图 4.16、图 4.17 所示。从图 4.16、图 4.17 来看：一方面高水持续时间越长，南阳洲右汊河床高程降幅越大，对应过水断面面积增幅也越大，天兴洲左汊河床高程降幅越大，对应过水断面面积增幅也越大；另一方面，南阳洲汊道在造床流量以上的水流过程持续时间在 45 天以上，右汊河床平均高程下降、过水断面面积增大，天兴洲汊道在造床流量以上的水流过程持续时间在 23 天以上，右汊河床平均高程下降、过水断面面积增大，即当造床流量及其以上水流过程出现频率在 10%以上时，能够保证洪水倾向的汊道发育较好。

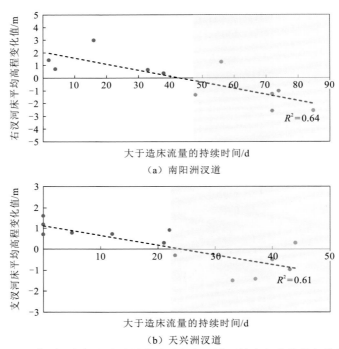

（a）南阳洲汊道

（b）天兴洲汊道

图 4.16　典型河段超造床流量持续时间与汊道平均高程变化值相关关系

　　长江中下游各控制站水文条件虽有年际变化，但年内的涨落水过程具有相似性，对应造床流量量级和基本出现频率要求，根据三峡水库蓄水前 1981～2002 年和蓄水后 2003～2018 年螺山站和汉口站的日均流量经验频率曲线，查找能够满足大于造床流量持续时间的年份，计算其占统计年份的比例，以及满足这一条件的年份中 1.5%频率对应的流量的最小值，如表 4.12 所示。基于三峡水库蓄水前长江中下游河道并未出现萎缩，对比三峡水库蓄水后的水文条件来看，虽然螺山站和汉口站造床流量都有所减小，但螺山站造床流量持续时间的满足情况优于三峡水库蓄水前，汉口站持续时间满足的年份占比较三峡水库蓄水前略减小。因此，初步认为按照三峡水库蓄水后的来流条件（宜昌站按照 45 000 m³/s 控泄），同时保证满足造床流量持续时间的年份占比不小于蓄水前，即使 1.5%频率对应的流量最小值在 50 000 m³/s 以内，也能够保证白螺矶河段的发育，对武汉河段的影响也不大。

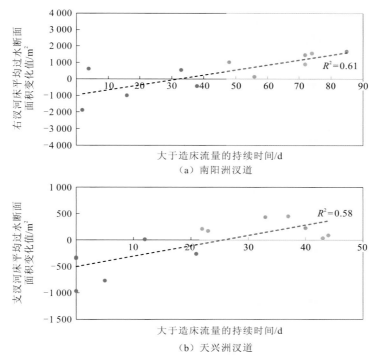

图 4.17 典型河段超造床流量持续时间与汊道平均过水断面面积变化值相关关系

表 4.12 三峡水库蓄水前后满足造床流量持续时间的情况统计

控制站	三峡水库蓄水前（1981~2002 年）			三峡水库蓄水后（2003~2018 年）		
	造床流量 /（m³/s）	满足持续时间		造床流量 /（m³/s）	满足持续时间	
		年份占比 /%	1.5%频率流量最小值 /（m³/s）		年份占比 /%	1.5%频率流量最小值 /（m³/s）
螺山站	35 000	59.1	47 000	31 700	62.5	40 000
汉口站	43 000	72.7	49 000	40 200	62.5	48 000

4.3.2 典型河段造床作用敏感性数值模拟

为进一步明确长江中下游典型河道冲淤对三峡水库调度的响应规律，模拟不同控泄指标条件下河段造床作用的敏感性，本小节主要依据建立的 3 个典型河段的正交曲线贴体坐标系下的平面二维水沙数学模型，通过对模型的充分率定和验证，考虑三峡水库不同调度方案的控泄条件，对长江中下游典型河段的冲淤开展模拟计算，检验并进一步细化 4.3.1 小节提出的基于典型河段河槽发育的控泄指标。

1. 基本计算条件

按照三峡水库初步设计调度方案，水库汛期 6~9 月维持 145 m 防洪限制水位运行，

10 月 1 日开始蓄水，10 月底水位升高至 175 m，初步设计主要考虑对荆江河段的补偿调度，一般对入库大于 55 000 m³/s 的洪水进行拦蓄。2009 年以来，在保证防洪安全的前提下，为充分利用洪水资源，三峡水库在汛期进行削峰调度，对洪水的调蓄与调洪方式设计略有差别，一般控制下泄流量不超过 45 000 m³/s。

　　为探讨三峡水库不同控泄指标对长江中下游不同类型代表性河段河道行洪能力、河道发育的影响，针对上述 3 个典型分汊河段，考虑 3 种计算工况，即无水库调蓄（还原计算方案）、初步设计阶段调蓄（荆江补偿调度）及现行调度方式调蓄（中小洪水调度）情况（表 4.13），对比计算三峡水库不同调度方式下各河段汊道分流比变化、河道冲淤量及其分布变化、洲滩变化等。

表 4.13　敏感性试验计算工况条件

计算工况	最大控泄流量/（m³/s）	备注
工况一	—	无水库调蓄（还原计算方案）
工况二	55 000	初步设计阶段调蓄（荆江补偿调度）
工况三	45 000	现行调度方式调蓄（中小洪水调度）

　　2003～2018 年，三峡水库入库日均流量较大的年份为 2012 年，入库年径流量为 4 076 亿 m³，有 2 天日均入库流量超过 55 000 m³/s，水库进行防洪运行。因此，选取 2012 年为典型年，计算不同控泄指标下 3 个河段的演变趋势。同时，对于白螺矶河段、武汉河段而言，2017 年虽然三峡水库入库流量较小，但由于洞庭湖入汇水量充沛，城陵矶以下河段来流量偏大，与 2012 年相比，两个年份虽同为大水年，但水库调蓄作用明显不同。基于此，白螺矶河段、武汉河段选取 2012 年、2017 年两个典型年进行控泄指标敏感性试验（表 4.14）。考虑到本小节重点关注水库不同控泄流量对长江中下游河道发育及行洪能力的影响，因此，对于无水库调蓄情况及初步设计阶段调蓄情况，各河段进口逐日输沙量均按蓄水后流量-输沙量关系推求。3 种工况下各河段演变趋势预测均采用平面二维水沙数值模拟开展，计算的初始地形为 2016 年 10 月实测河道地形。

表 4.14　敏感性试验计算典型年份

项目	典型河段				
	沙市河段	白螺矶河段		武汉河段	
计算年份	2012	2012	2017	2012	2017

2. 计算成果分析

　　本小节从分流比、冲淤量及冲淤分布、洲滩变化多方面计算分析不同控泄方案下典型河段演变趋势。

1）沙市河段

　　沙市河段自上而下分布有太平口心滩、三八滩和金城洲，将河道分为左、右两汊，由于三八滩滩体高程较低，受水流冲刷易萎缩，中高水条件下滩体淹没，所以本小节重点分析太平口心滩、金城洲两分汊段分流比及冲淤量变化。

（1）分流比变化。

太平口汉道段不同流量级下的断面流速分布表明，在枯水流量（6 171 m³/s）下，太平口心滩右汉最大流速高于太平口心滩左汉约 0.1 m/s，随着流量增大至 8 300 m³/s，两汉流速均有所增长，但太平口心滩左汉流速整体增大，太平口心滩右汉仅主流带流速增大，主流开始向太平口心滩左汉摆动。可见，太平口心滩左汉为洪水主流倾向汉（图 4.18）。

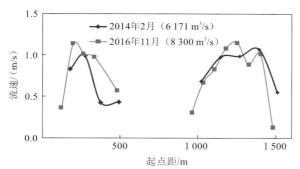

图 4.18　沙市河段汉道段不同流量级下断面流速分布

从计算结果来看（表 4.15），太平口心滩左汉为支汉，但 3 种计算工况下均表现为随流量增长，太平口心滩左汉分流比增大。同流量下对比而言，初步设计阶段调蓄下太平口心滩左汉分流比最大，无水库调蓄下次之，现行调度方式调蓄下最小，但各计算工况下差异不大。以 40 000 m³/s 流量为例，无水库调蓄、初步设计阶段调蓄、现行调度方式调蓄太平口心滩左汉分流比分别为 46.17%、46.22%、46.13%。

表 4.15　2012 年沙市河段 3 种计算工况下太平口心滩左汉、金城洲右汉分流比

计算流量/（m³/s）	太平口心滩左汉分流比/%			金城洲右汉分流比/%		
	无水库调蓄	初步设计阶段调蓄	现行调度方式调蓄	无水库调蓄	初步设计阶段调蓄	现行调度方式调蓄
20 000	44.14	44.24	44.10	19.40	19.42	19.35
30 000	45.60	45.70	45.58	21.22	21.28	21.21
40 000	46.17	46.22	46.13	22.48	22.57	22.47
50 000	46.55	46.62	46.53	23.55	23.56	23.55

三峡水库蓄水后沙市站造床流量约为 27 000 m³/s，从 3 种计算工况下造床流量以上流量级持续天数来看，无水库调蓄、初步设计阶段调蓄、现行调度方式调蓄下分别为 39 天、38 天、33 天，无水库调蓄和初步设计阶段调蓄下的洪水持续时间较长，有利于太平口心滩左汉冲刷发展，相应地太平口心滩左汉分流比较大；而现行调度方式调蓄下高洪水流量级持续天数最少，太平口心滩左汉分流比较小，但总体来看，仅 1 年的水流过程下，3 种计算工况下太平口心滩左汉分流比的差异不大。

对于金城洲汉道段而言，3 种计算工况下表现为随流量增长，金城洲右汉分流比增大（表 4.15）。同流量下，3 种计算工况下金城洲右汉分流比差异不大。以 40 000 m³/s 流量为例，无水库调蓄、初步设计阶段调蓄、现行调度方式调蓄下金城洲右汉分流比分别

为 22.48%、22.57%、22.47%，各计算工况下差值在 0.1%以内。受上游河势的影响，金城洲右汊为洪水主流倾向汊，比较而言，与太平口水道类似，无水库调蓄和初步设计阶段调蓄金城洲右汊分流比均不小于现行调度方式调蓄。

（2）冲淤量变化。

从沙市河段汊道段冲淤量统计结果（表 4.16）来看，2012 年，太平口心滩分汊段 3 种计算工况下左右汊均呈冲刷态势。对比来看，无水库调蓄、初步设计阶段调蓄、现行调度方式调蓄下太平口心滩分汊段左汊冲刷量分别为 83.7 万 m³、86.6 万 m³、80.5 万 m³，右汊冲刷量分别为 61.6 万 m³、62.7 万 m³、56.2 万 m³，初步设计阶段调蓄下左汊冲刷量最大，而现行调度方式调蓄下最小，与分流比变化较为一致。

表 4.16　2012 年沙市河段不同计算工况下太平口心滩、金城洲分汊段冲淤量

冲淤量	无水库调蓄		初步设计阶段调蓄		现行调度方式调蓄	
	左汊	右汊	左汊	右汊	左汊	右汊
太平口心滩分汊段冲淤量/万 m³	−83.7	−61.6	−86.6	−62.7	−80.5	−56.2
金城洲分汊段冲淤量/万 m³	57.5	22.7	65.2	20.3	68.3	23.2

金城洲分汊段 3 种计算工况下左右汊均略有淤积，左汊淤积量大于右汊。对比来看，无水库调蓄、初步设计阶段调蓄、现行调度方式调蓄下金城洲分汊段左汊淤积量分别为 57.5 万 m³、65.2 万 m³、68.3 万 m³，右汊淤积量分别为 22.7 万 m³、20.3 万 m³、23.2 万 m³，初步设计阶段调蓄下右汊淤积量较小，高洪水流量级持续时间较长有利于金城洲分汊段支汊（右汊）的发展。

（3）冲淤分布变化。

图 4.19 和图 4.20 为 3 种计算工况下沙市河段河床冲淤分布图和典型断面冲淤变化图。从图 4.19 中可以看出，2012 年太平口心滩分汊段总体上以冲刷为主，且太平口心滩左汊冲刷幅度明显大于右汊，3 种计算工况下沙市河段冲淤分布基本相同，差异不大。典型断面变化表明，无水库调蓄、初步设计阶段调蓄、现行调度方式调蓄下，太平口心滩左汊断面冲刷下切最大深度分别为 0.62 m、0.64 m、0.53 m，相对而言，初步设计阶段调蓄下变化最为显著；太平口心滩右汊断面呈冲淤交替态势，无水库调蓄、初步设计阶段调蓄、现行调度方式调蓄下冲刷最大深度为 3.26 m、2.98 m、3.16 m。相比较而言，初步设计阶段调蓄下冲刷深度最小。

金城洲分汊段两汊沿程冲淤交替，金城洲右汊冲刷部位主要集中在中上段，最大冲刷深度在 5 m 左右。典型断面变化表明：无水库调蓄、初步设计阶段调蓄、现行调度方式调蓄下金城洲右汊最大冲刷深度分别为 1.14 m、1.21 m、1.10 m，初步设计阶段调蓄对应的最大冲刷深度大于现行调度方式调蓄约 0.11 m。3 种计算工况下金城洲左汊冲刷深度差异不明显。

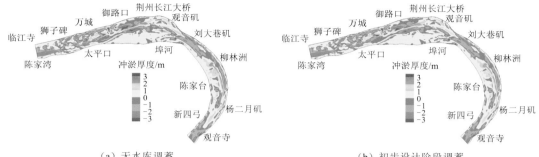

（a）无水库调蓄　　　　　　　　　　　　　　（b）初步设计阶段调蓄

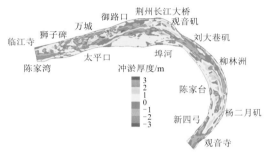

（c）现行调度方式调蓄

图 4.19　2012 年 3 种计算工况下沙市河段河床冲淤分布

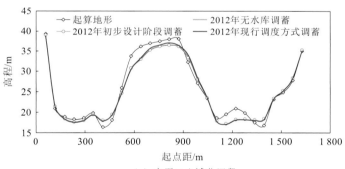

（a）太平口心滩分汊段

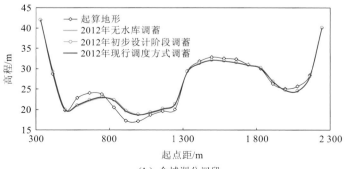

（b）金城洲分汊段

图 4.20　2012 年 3 种计算工况下沙市河段分汊段断面变化

（4）洲滩变化。

沙市河段太平口心滩位于长直过渡段的狮子碑至筲箕子，滩体平面形态为长橄榄形，将河道一分为二。从 2012 年 3 种计算工况下太平口心滩 30 m 等高线面积的变化来看（表4.17），洲头小幅冲刷后退、洲尾淤长，无水库调蓄、初步设计阶段调蓄、现行调度方式调蓄下太平口心滩 30 m 等高线面积分别为 50.9 万 m²、50.8 万 m²、51.6 万 m²，整体上差异不大。无水库调蓄和初步设计阶段调蓄下造床流量以上中高水流量持续时间较长，水流漫滩冲刷滩体，滩体面积较小。

表 4.17　2012 年沙市河段 3 种计算工况下太平口心滩、金城洲 30 m 等高线面积

面积	无水库调蓄	初步设计阶段调蓄	现行调度方式调蓄
太平口心滩 30 m 等高线面积/万 m²	50.9	50.8	51.6
金城洲 30 m 等高线面积/万 m²	70.4	69.9	70.7

对于沙市河段金城洲而言，无水库调蓄、初步设计阶段调蓄、现行调度方式调蓄下金城洲 30 m 等高线面积分别为 70.4 万 m²、69.9 万 m²、70.7 万 m²，各计算工况下差异不大。与太平口心滩类似，无水库调蓄和初步设计阶段调蓄下高洪水流量级出现频率较多，有利于水流冲刷金城洲右缘，滩体面积较现行调度方式调蓄下分别偏小约 0.3 万 m² 和 0.8 万 m²。

2）白螺矶河段

（1）分流比变化。

分流比的变化首先取决于汊道的基本水力特征，南阳洲汊道段不同流量级下的断面流速分布表明，在中枯水流量（13 400 m³/s）下，两汊最大流速基本相当，其后随流量增大至 35 400 m³/s，两汊流速均有所增长，但南阳洲右汊的流速增幅明显大于南阳洲左汊，主流位于南阳洲右汊（图 4.21）。可见，南阳洲右汊为洪水主流倾向汊，高水持续时间越长，越有利于南阳洲右汊的发展。

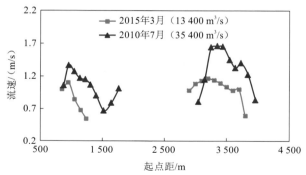

图 4.21　白螺矶河段南阳洲汊道段不同流量级下断面流速分布

从 2012 年计算结果来看（表 4.18），3 种计算工况下各流量级右汊分流比始终占优。同流量下对比而言，初步设计阶段调蓄下南阳洲右汊分流比最大，无水库调蓄下次之，现行调度方式调蓄下最小，但各计算工况下差异不大，绝对差值不到 0.3%。以 20 000 m³/s 流量为例，无水库调蓄、初步设计阶段调蓄、现行调度方式调蓄下南阳洲右汊分流比分别为

70.42%、70.59%、70.34%。研究表明，三峡水库蓄水后螺山站造床流量约为 32 000 m³/s，无水库调蓄、初步设计阶段调蓄、现行调度方式调蓄下流量过程均较为集中，造床流量为 32 000~50 000 m³/s 时的持续天数现行调度方式调蓄下最大，但 50 000 m³/s 以上高洪水持续天数 3 种工况基本相当，但峰值流量无水库调蓄和初步设计阶段调蓄下都显著偏大，因而南阳洲右汊分流比也较现行调度方式调蓄略偏大。

表 4.18　白螺矶河段不同计算条件下南阳洲右汊分流比变化

计算年份	计算流量/（m³/s）	无水库调蓄/%	初步设计阶段调蓄/%	现行调度方式调蓄/%
2012	20 000	70.42	70.59	70.34
	30 000	68.23	68.28	68.20
	40 000	65.86	65.86	65.85
2017	20 000	70.90	—	70.79
	30 000	68.39	—	68.36
	40 000	65.56	—	65.56

2017 年计算结果表明，无水库调蓄与现行调度方式调蓄情况中各流量级下南阳洲右汊分流比差异不大，无水库调蓄情况下南阳洲右汊分流比均不小于现行调度方式调蓄，绝对差值不到 0.2%。以 30 000 m³/s 流量为例，无水库调蓄、现行调度方式调蓄下南阳洲右汊分流比分别为 68.39%、68.36%。相比较而言，无水库调蓄下，高洪水持续时间长，32 000 m³/s 以上流量出现天数为 58 天，有利于洪水主流倾向汊即右汊的冲刷发展；而现行调度方式调蓄下，32 000 m³/s 以上流量出现天数为 35 天，50 000 m³/s 大洪水流量持续时间也偏短。因此，无水库调蓄方式下南阳洲右汊分流比略大于现行调度方式调蓄情况。

（2）冲淤量变化。

从白螺矶河段汊道段冲淤量统计结果来看（表 4.19），2012 年，3 种计算工况下均表现为左右汊均冲，且以南阳洲右汊冲刷为主，而南阳洲左汊冲刷量较小。对比来看，无水库调蓄、初步设计阶段调蓄、现行调度方式调蓄下白螺矶河段南阳洲左汊冲刷量分别为 21.4 万 m³、28.9 万 m³、22.2 万 m³，南阳洲右汊冲刷量分别为 74.5 万 m³、75.3 万 m³、48.3 万 m³，对比来看，初步设计阶段调蓄下南阳洲右汊冲刷量略大，而现行调度方式调蓄下南阳洲右汊冲刷量最小，与分流比变化较为一致。

表 4.19　不同计算工况下白螺矶河段南阳洲汊道段冲淤量　　　（单位：万 m³）

计算年份	无水库调蓄		初步设计阶段调蓄		现行调度方式调蓄	
	左汊	右汊	左汊	右汊	左汊	右汊
2012	-21.4	-74.5	-28.9	-75.3	-22.2	-48.3
2017	-64.0	-200.2	—	—	-62.2	-163.7

2017 年，白螺矶河段南阳洲右汊冲刷量仍明显高于南阳洲左汊，无水库调蓄下，白螺矶河段两汊均呈冲刷态势，其中：南阳洲左汊、右汊冲刷量分别为 64.0 万 m³、200.2 万 m³；现行调度方式调蓄下，南阳洲左汊冲刷量为 62.2 万 m³，南阳洲右汊冲刷量为 163.7 万 m³，对比来看，无水库调蓄下南阳洲右汊冲刷量略大，高洪水流量级持续时间较长有利于南阳

洲分汊段主汊即南阳洲右汊的冲刷发展。2017 年螺山站平均含沙量为 0.077 kg/m³，较 2012 年的 0.140 kg/m³ 偏小 45%，因而白螺矶河段南阳洲左汊、右汊的冲刷量均较 2012 年显著偏大。

（3）冲淤分布变化。

图 4.22 和图 4.23 为 3 种计算工况下白螺矶河段河床冲淤分布图。从图 4.22 中可以看出，2012 年白螺矶河段南阳洲两汊总体上均以冲刷为主，且南阳洲右汊冲刷量明显大于南阳洲左汊，但两汊的主要冲刷部位均集中在中下段，3 种计算工况下白螺矶河段冲淤分布基本相同，差异不大。对比来看，典型断面变化表明：无水库调蓄、初步设计阶段调蓄、现行调度方式调蓄下，南阳洲右汊断面冲刷下切最大深度分别为 0.37 m、0.38 m、0.28 m，差值在 0.1 m 以内；对于南阳洲左汊而言，3 种计算工况下无明显差异，最大冲刷深度在 0.6 m 左右。

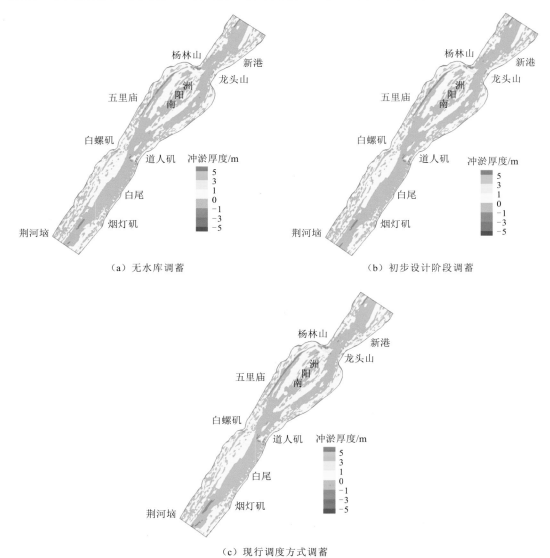

（a）无水库调蓄　　　　　　　　　　　　（b）初步设计阶段调蓄

（c）现行调度方式调蓄

图 4.22　2012 年 3 种计算工况下白螺矶河段河床冲淤分布

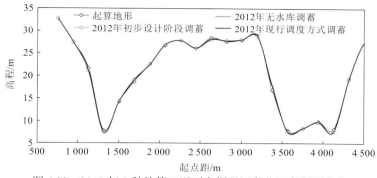

图 4.23　2012 年 3 种计算工况下白螺矶河段分汊段断面变化

与 2012 年类似，2017 年白螺矶河段南阳洲左汊、右汊均以冲刷为主，从平面冲淤图对比来看（图 4.24 和图 4.25），无水库调蓄下南阳洲右汊进口冲刷幅度略大于现行调度方式调蓄情况，且南阳洲左汊中下段冲刷幅度较小，与无水库调蓄下南阳洲右汊分流比较大的结论一致。典型断面变化表明，无水库调蓄、现行调度方式调蓄下南阳洲右汊最大冲刷深度分别为 0.57 m、0.53 m，无水库调蓄情况下大于现行调度方式调蓄下约 0.04 m，从断面图来看，两计算工况下南阳洲左汊冲刷深度无明显差异。

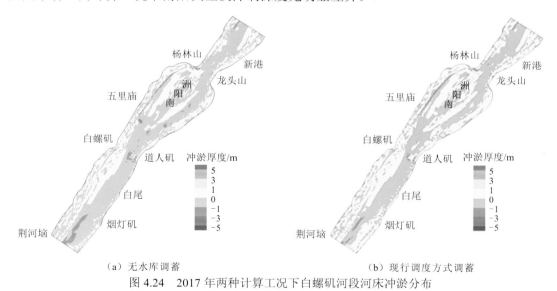

（a）无水库调蓄　　　　　　　　　　　（b）现行调度方式调蓄

图 4.24　2017 年两种计算工况下白螺矶河段河床冲淤分布

（4）洲滩变化。

白螺矶河段平面形态为中间宽两头窄，南阳洲将河道分为左、右两汊。从 2012 年 3 种计算工况下南阳洲 22 m 等高线面积变化来看（表 4.20），洲头小幅冲刷后退，洲尾平面变化较小，洲滩总体变化幅度不大，无水库调蓄、初步设计阶段调蓄、现行调度方式调蓄下南阳洲 22 m 等高线面积分别为 374.5 万 m²、373.8 万 m²、374.2 万 m²，可以看出，3 种计算工况下年内流量过程变化不大，南阳洲面积无明显差异，相对而言，初步设计阶段调蓄下南阳洲面积略小。

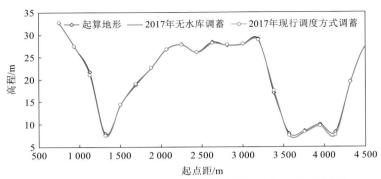

图 4.25　2017 年两种计算工况下白螺矶河段分汊段断面变化

表 4.20　白螺矶河段不同计算工况下南阳洲 22 m 等高线面积　　（单位：万 m²）

计算年份	无水库调蓄	初步设计阶段调蓄	现行调度方式调蓄
2012	374.5	373.8	374.2
2017	372.4	—	374.1

对于 2017 年而言，无水库调蓄及现行调度方式调蓄下南阳洲面积分别为 372.4 万 m²、374.1 万 m²，相比较而言，现行调度方式调蓄下高洪水流量级出现频率较少，32 000 m³/s 以上流量出现天数为 43 天，而无水库调蓄下 32 000 m³/s 以上流量持续时间较长有利于水流冲刷南阳洲右缘，滩体面积较无水库调蓄下偏大 1.7 万 m²。

3）武汉河段

（1）分流比变化。

分汊河段汊道断面流速在一定程度上反映了两汊局部水力特征，对于武汉河段天兴洲汊道段而言，根据实测资料，在枯水流量（13 700 m³/s）下，主流带位于天兴洲右汊，天兴洲右汊平均流速在 1 m/s 左右，是天兴洲左汊平均流速的近两倍，而当流量增大至 33 300 m³/s 后，天兴洲左汊流速增幅近 1 m/s，变化幅度明显大于天兴洲右汊（图 4.26）。可以看出，随流量增大，主流带呈左摆态势，高流量下天兴洲左汊水流动力增长较为显著，高流量持续时间越长，越有利于天兴洲汊道段支汊的发展。

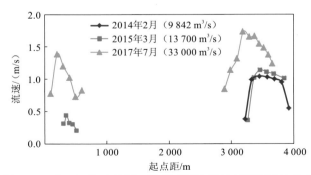

图 4.26　武汉河段天兴洲汊道段不同流量级下断面流速分布

从 2012 年计算结果来看（表 4.21），3 种计算工况下均表现为随流量增大，天兴洲右汊分流比减小，但从整体上来看，各流量级下均表现为天兴洲右汊分流较大。同流量下，中低水流量级下 3 种计算工况天兴洲右汊分流比差别不大：20 000 m³/s 流量下，无水库调蓄、初步设计阶段调蓄、现行调度方式调蓄下天兴洲右汊分流比均为 94.06%；在高流量下，各工况计算的分流比绝对差值不足 0.1%，以 40 000 m³/s 流量为例，无水库调蓄、初步设计阶段调蓄、现行调度方式调蓄下天兴洲右汊分流比分别为 82.41%、82.40%、82.43%，对比来看，初步设计阶段调蓄下天兴洲右汊分流比略小，而现行调度方式调蓄下天兴洲右汊分流比最大。研究表明，三峡水库蓄水后汉口站造床流量约为 40 000 m³/s，从 3 种计算工况下造床流量以上流量级持续天数来看，无水库调蓄、初步设计阶段调蓄、现行调度方式调蓄下分别为 36 天、39 天、34 天，初步设计阶段调蓄下 40 000 m³/s 以上流量级持续天数较长，有利于天兴洲左汊冲刷发展，相应地，天兴洲右汊分流比略小；同理，现行调度方式调蓄下 40 000 m³/s 以上流量级持续天数最少，天兴洲右汊分流比略大。

表 4.21　武汉河段不同计算工况下天兴洲右汊分流比

计算年份	计算流量/（m³/s）	无水库调蓄/%	初步设计阶段调蓄/%	现行调度方式调蓄/%
2012	20 000	94.06	94.06	94.06
	30 000	87.93	87.93	87.93
	40 000	82.41	82.40	82.43
	50 000	76.87	76.85	76.90
2017	20 000	93.88	—	94.00
	30 000	88.03	—	88.17
	40 000	82.39	—	82.54
	50 000	77.11	—	77.26

2017 年计算结果表明，从无水库调蓄与现行调度方式调蓄对比来看，各流量级下无水库调蓄天兴洲右汊分流比均略小于现行调度方式调蓄下天兴洲右汊分流比，以 50 000 m³/s 流量为例，无水库调蓄、现行调度方式调蓄下天兴洲右汊分流比分别为 77.11%、77.26%。无水库调蓄下，高洪水持续时间长，40 000 m³/s 以上流量出现天数为 29 天，有利于天兴洲左汊的冲刷发展，而按现行调度方式调蓄，40 000 m³/s 以上流量出现天数为 23 天，且大洪水持续时间偏短。现行调度方式调蓄与无水库调蓄相比，出现频率增加最为显著的流量区间为 22 000~40 000 m³/s，从断面流速分布来看，该流量区间下主流位于天兴洲右汊，持续时间的增长有利于天兴洲右汊的冲刷发展，在两者的综合作用下，现行调度方式调蓄下天兴洲右汊分流比略大于无水库调蓄情况。

（2）冲淤量变化。

从武汉河段天兴洲汊道段冲淤量统计结果来看（表 4.22），2012 年，3 种计算工况下均为以天兴洲右汊冲刷为主，而天兴洲左汊冲刷量较小。对比来看，无水库调蓄、初步设计阶段调蓄、现行调度方式调蓄下天兴洲左汊冲刷量分别为 209.6 万 m³、262.6 万 m³、198.0 万 m³，天兴洲右汊冲刷量分别为 2 161.5 万 m³、2 164.1 万 m³、2186.3 万 m³，对比来看，初步设计阶段调蓄下天兴洲左汊冲刷量略大，与分流比变化较为一致。

表 4.22　3 种计算工况下武汉河段天兴洲汊道段冲淤量　　　　　（单位：万 m³）

计算年份	无水库调蓄		初步设计阶段调蓄		现行调度方式调蓄	
	左汊	右汊	左汊	右汊	左汊	右汊
2012	-209.6	-2 161.5	-262.6	-2 164.1	-198.0	-2 186.3
2017	-210.4	-2 333.7	—	—	77.9	-2 316.7

2017 年，武汉河段天兴洲右汊冲刷量仍明显高于天兴洲左汊，无水库调蓄下，天兴洲两汊均呈冲刷态势，其中，天兴洲左汊、右汊冲刷量分别为 210.4 万 m³、2 333.7 万 m³，而在现行调度方式调蓄下，天兴洲汊道段"左淤右冲"，天兴洲左汊淤积量为 77.9 万 m³，天兴洲右汊冲刷量为 2 316.7 万 m³。对比来看，无水库调蓄下天兴洲左汊冲刷量大，高流量级持续时间较长有利于天兴洲分汊段支汊即天兴洲左汊的冲刷发展。

（3）冲淤分布变化。

图 4.27 和图 4.28 为 3 种计算工况下武汉河段河床冲淤分布图和分汊段断面变化图。从图 4.27 中可以看出，2012 年，武汉河段天兴洲汊道段总体上以冲刷为主，且天兴洲右汊冲刷深度明显大于天兴洲左汊，天兴洲右汊中上段冲刷而下段小幅淤积，天兴洲左汊小幅冲刷。3 种计算工况下河段冲淤分布基本相同，差异不大。对比来看，典型断面变化表明，无水库调蓄、初步设计阶段调蓄、现行调度方式调蓄下，天兴洲左汊断面冲刷下切最大深度分别为 3.85 m、4.26 m、3.58 m，差值在 1 m 以内；对于天兴洲右汊而言，3 种计算工况下无明显差异，最大冲刷深度为 5.5 m。

与 2012 年类似，2017 年武汉河段天兴洲汊道表现为天兴洲左汊淤积而天兴洲右汊冲刷，且天兴洲右汊冲刷主要集中在中上段，最大冲刷深度在 5 m 左右，具体冲淤分布如图 4.29 所示。典型断面变化表明，无水库调蓄、现行调度方式调蓄下天兴洲左汊最大冲刷深度分别为 6.85 m、4.46 m，无水库调蓄情况下大于现行调度方式调蓄下约 2.39 m，从断面图来看（图 4.30），两计算工况下天兴洲右汊冲刷深度无明显差异。

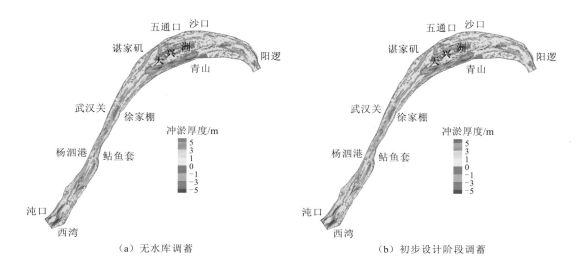

（a）无水库调蓄　　　　　　　　　　　（b）初步设计阶段调蓄

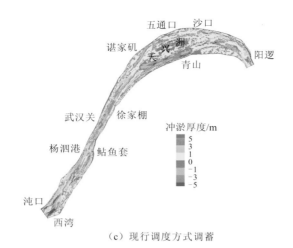

（c）现行调度方式调蓄

图 4.27　2012 年 3 种计算工况下武汉河段河床冲淤分布

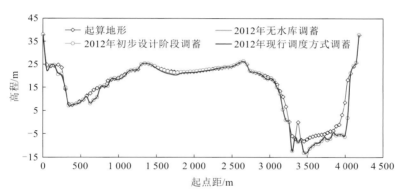

图 4.28　2012 年 3 种计算工况下武汉河段分汊段断面变化

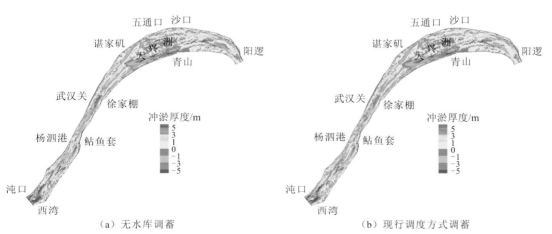

（a）无水库调蓄　　　　　　　　　　　（b）现行调度方式调蓄

图 4.29　2017 年两种计算工况下武汉河段河床冲淤分布

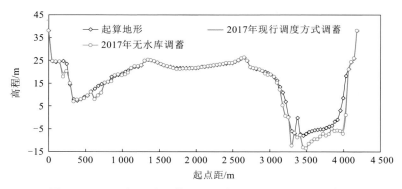

图 4.30　2017 年两种计算工况下武汉河段分汊段断面变化

（4）洲滩变化。

武汉河段天兴洲滩体较大，将河道一分为二。从 2012 年 3 种计算工况下武汉河段天兴洲滩体 15 m 等高线面积变化来看（表 4.23），洲头小幅冲刷后退，洲尾平面变化较小，无水库调蓄、初步设计阶段调蓄、现行调度方式调蓄下天兴洲面积分别为 2 020.4 万 m²、2 019.8 万 m²、2 020.3 万 m²。可以看出，3 种计算工况下年内流量变化不大，天兴洲面积无明显差异。对于 2017 年而言，无水库调蓄及现行调度方式调蓄下天兴洲面积分别为 2 030.4 万 m²、2 031.6 万 m²，相比较而言，由于天兴洲洲头低滩实施了航道整治工程，两计算工况下滩体面积差异不大，现行调度方式调蓄较无水库调蓄下偏大 1.2 万 m²。

表 4.23　不同计算工况下武汉河段天兴洲滩体 15 m 等高线面积变化　　（单位：万 m²）

计算年份	无水库调蓄	初步设计阶段调蓄	现行调度方式调蓄
2012	2020.4	2019.8	2020.3
2017	2030.4	—	2031.6

4.4　三峡水库控泄流量过程

三峡水库最主要的任务是防洪，在保证三峡水利枢纽工程安全的前提下，利用水库拦蓄洪水，可使长江中下游荆江河段的防洪标准达到 100 年一遇；并在遇到 1 000 年一遇洪水或类似 1870 年洪水时避免荆江河段发生毁灭性洪水灾害。2009 年起，为了进一步减轻长江中下游河道的防洪压力，依据准确的水文气象预报，三峡水库多次对中小洪水进行削峰调度。削峰调度在削减洪峰的同时，也拦截了集中在汛期输移的泥沙，使泥沙更多地淤积在水库内；削峰调度减小了长江中下游河道经历大洪水的频次，可能影响河道的正常发育。因此，保证三峡水库及长江中下游河道行洪安全，不造成水库淤积幅度过增，以及充分保障长江中下游河道发育是三峡水库洪水控泄的 3 个首要限制条件，满足这 3 个条件的控泄过程才具有可行性。

综合三峡水库蓄水后长江中下游河道的实际冲淤变化与发育情况及 4.3 节关于典型河

段的造床流量变化及造床作用数学模型的研究成果来看，三峡水库蓄水改变了长江中下游河道的径流过程和输沙量，河床通过多方面的综合调整来适应水沙条件的这种变化。对照国内其他已建的大型水利枢纽对下游河道发育的影响，三峡水库按照 45 000 m³/s 控泄流量过程的调度方式下：①能够极大程度地减小长江中下游的防洪压力，保证长江中下游河道的行洪安全，最大范围地发挥三峡水库的防洪效益；②长江中下游河道断面形态、河床纵剖面形态、洲滩形态等的调整都在正常的变化范围内，部分分汊河道的支汊出现了预期的萎缩现象，造床流量的减小幅度也尚可接受（约 10%，较同期其他大型水利枢纽下游河道偏小），河床形态调整并未给洪水位、槽蓄能力带来明显不利的影响；③对照无水库调蓄或初步设计阶段调蓄，现行调度方式调蓄对典型河段的冲淤、汊道过流能力等的影响差异均较小；④从数学模型研究及调度实践来看，若配合水库的排沙调度，水库排沙比和泥沙淤积量可控。

因此，综合防洪及水库减淤等多方面目标，可维持水库 45 000 m³/s 削峰调度的控泄方案，但同时应满足长江中下游河道造床流量以上流量级年内超过 10%的持续时间，且保证满足造床流量持续时间的年份占比不小于蓄水前，以避免造床流量进一步减小，保证河道的正常发育。即使需要考虑大洪水造床作用，三峡水库的最大控泄流量也宜控制在 50 000 m³/s 以下，一方面，可以避免对河道岸坡稳定性和已有的护滩、护岸工程造成不利影响；另一方面，洞庭湖和鄱阳湖在城陵矶以下河道相继入汇，其洪水过程一旦与干流高水遭遇，易对防洪及河势稳定造成不利影响。

第5章

新水沙条件下长江中下游河槽发育

本章通过现场调查、实测资料分析、试验研究、数学模型计算等方法，研究新水沙条件下长江中下游河槽发育及优化调度方式。分析洲滩植被阻力特性，三峡水库中小洪水调度运行情况、不同洪水过程对长江中下游河槽发育的影响，不同水库调度方式及长系列年水沙过程对洪水河槽塑造的效果，新水沙及长江上游水库群联合调度条件下洪水河槽发育趋势等，并提出有利于洪水河槽发育的水库优化调度方式。

5.1　洲滩植被调查及阻力特性试验

5.1.1　荆江河段典型洲滩植被调查

1. 植被发育调查

2017 年 7 月 11～14 日,对关洲、枝城、洋溪、松滋口、芦家河、董市洲、枝江、柳条洲、江口洲、火箭洲、杨家㘬、马羊洲、陈家湾、太平口、腊林洲、沙市、青安二圣洲、公安、铁牛矶、蛟子渊、藕池口、茅林口、天星洲、新生滩、向家洲护岸工程、北门口险工段、突起洲、北碾子湾、寡妇夹、金鱼沟、中洲子、鹅公凸—塔市驿护岸工程、乌龟洲、太和岭、天子一号、天星阁、洪水港、荆江门、熊家洲、八姓洲等荆江河段的典型洲滩进行了实地查勘,调查植被发育情况。其中,部分典型洲滩实地查勘情况如下。

1）关洲

近期关洲汊道主支汊临界流量由枝城站流量 20 000 m³/s 降为 17 000 m³/s 左右。本书查勘发现枝城站流量为 10 000 m³/s 左右,航道走关洲右汊,从现场情况来看,关洲右汊岸坡较陡,上面覆盖有植被和较厚的黏土层,属于天然覆盖层,抗冲刷能力较强,在洲滩靠近右缘处有部分杂树,而在洲滩主体上则有大量杂草,关洲现场查勘图如图 5.1 所示。

（a）关洲右缘崩塌　　　　　　（b）关洲洲体　　　　　　（c）关洲左侧

图 5.1　关洲现场查勘图

2）董市洲

董市洲左汊已经完全淤积,目前已和左岸连成一片,形成一个大的边滩,并且董市洲头部及中部位置杂树、杂草丛生,而尾部则以卵石为主,董市洲现场查勘图如图 5.2 所示。

（a）董市洲头部　　　　　　　　（b）董市洲尾部

图 5.2　董市洲现场查勘图

3）柳条洲

柳条洲位于江口附近，因其洲身细长形如柳条而得名。从本次查勘的情况看，柳条洲中部属于以前形成的老洲，高程较高。洲头由于卵石堆积，水流冲不动，故而逐渐淤积。柳条洲洲头和前半部没有守护，属于天然岸坡，中部采用抛石护岸，岸线守护较好，洲滩上种植大量的白杨树，叶枝茂密，柳条洲现场查勘图如图 5.3 所示。

（a）柳条洲前缘浅滩　　　　　　（b）柳条洲洲头　　　　　　（c）柳条洲前半部

图 5.3　柳条洲现场查勘图

4）江口洲

江口洲位于柳条洲下游几公里处，从本次查勘的情况看，江口洲面积很小。江口河段左右岸均已实施守护，并且洲滩上种植了大量的杨树，叶枝茂密，江口洲现场查勘图如图 5.4 所示。

（a）江口洲出口处　　　　　　　　　（b）江口洲洲尾

图 5.4　江口洲现场查勘图

5）火箭洲

从本次查勘的情况看，火箭洲右岸均已实施守护，但右岸局部崩塌，洲滩上种植了大量白杨树，叶枝茂密，火箭洲现场查勘图如图 5.5 所示。

（a）火箭洲洲头　　　　　　　　（b）火箭洲右岸局部崩塌

图 5.5　火箭洲现场查勘图

6）马羊洲

从本次查勘的情况看，马羊洲洲头已实施抛石护岸，上面建有子堤，马羊洲中部洲面高程较高，上面覆盖有各种植被，该河段右岸有一部分天然岸坡，局部有坍塌现象，马羊洲现场查勘图如图5.6所示。

（a）马羊洲中部   （b）马羊洲尾部

图 5.6　马羊洲现场查勘图

7）腊林洲

从本次查勘的情况看，近年来腊林洲边滩已实施守护，但滩体上种植了大量白杨树，叶枝茂密，腊林洲现场查勘图如图5.7所示。

（a）浆砌和干砌块石护坡   （b）多孔质生态混凝土护坡

图 5.7　腊林洲现场查勘图

8）突起洲

从本次查勘的情况看，突起洲右缘基本已实施守护，但部分河段仍出现崩岸，在突起洲靠近右缘处种植了大量白杨树，叶枝茂密，但主要洲体上仍生长大量杂草，突起洲现场查勘图如图5.8所示。

（a）突起洲周围的白杨树   （b）突起洲局部条崩   （c）突起洲洲体的杂草

图 5.8　突起洲现场查勘图

9）青安二圣洲

从本次查勘的情况看，青安二圣洲右缘上半部分均已实施守护，但仍出现窝崩，而下半部分未实施护岸工程，出现较大规模的崩岸，在青安二圣洲靠近右缘处种植了大量白杨树，叶枝茂密，但主要洲体上仍以生长杂草为主，青安二圣洲现场查勘图如图 5.9 所示。

(a) 青安二圣洲右缘已护岸段窝崩　　　　(b) 青安二圣洲右缘未护岸段崩岸

图 5.9　青安二圣洲现场查勘图

10）天星洲

天星洲位于长江右岸处，附近有藕池口分流，从本次查勘的情况看，左缘实施了大量的护岸工程，洲滩上种植了大量白杨树，叶枝茂密，靠近水域的部分区域也种植了白杨树，且树林中杂草丛生，天星洲现场查勘图如图 5.10 所示。

(a) 天星洲左缘头部　　　　(b) 天星洲中间串河　　　　(c) 天星洲左缘护岸

图 5.10　天星洲现场查勘图

11）乌龟洲

乌龟洲为江心洲，靠近左岸，为保持乌龟洲头部稳定，航道部门已经对洲头实施航道整治工程，以前的串沟已经消失。随着右汊的发展，乌龟洲右缘大量崩退，近期实施了护岸工程，从本次查勘的情况看，乌龟洲头部及右缘种植了大量白杨树，叶枝茂密，并且洲滩中间及左部种植大量芦苇，乌龟洲现场查勘图如图 5.11 所示。

(a) 乌龟洲洲头　　　　(b) 乌龟洲右缘护岸工程　　　　(c) 乌龟洲洲体上的芦苇

图 5.11　乌龟洲现场查勘图

12）八姓洲

从本次查勘的情况看，八姓洲西侧中上部实施了大量护岸工程，而下部则出现大规模崩岸，在八姓洲中北侧种植了大量白杨树，叶枝茂密，并且在洲滩南部及东部种植了大量的芦苇，八姓洲现场查勘图如图 5.12 所示。

（a）八姓洲西侧护岸工程　　　　（b）八姓洲东侧及芦苇　　　　（c）八姓洲西侧下部崩岸

图 5.12　八姓洲现场查勘图

经过对荆江河段典型洲滩进行实地调查，除了少数洲滩如三八滩由于滩顶高程较低，绝大多数时间位于水面以下而未生长植被外，荆江河段大多数洲滩均生长大量的矮草、莎草、芦苇，甚至灌木、意杨等植被，由于三峡水库及上游干支流水库群的调蓄作用，大水漫滩概率与持续时间均大幅降低，有利于洲滩上植被生长，其生长的密度与高度均逐年增加。

2. 典型滩地流速分布监测

2020 年长江发生了中华人民共和国成立以来仅次于 1954 年、1998 年的全流域性大洪水，其中 2020 年 8 月 3 日，荆江石首河段流量为 32 700 m^3/s，流量大、水位高，河段内洲滩、边滩等均位于水面以下，在该期间对典型滩地断面流量分布进行了监测（图 5.13），2020 年汛期石首河段典型断面流速分布如图 5.14 所示。

图 5.13　监测断面位置示意图

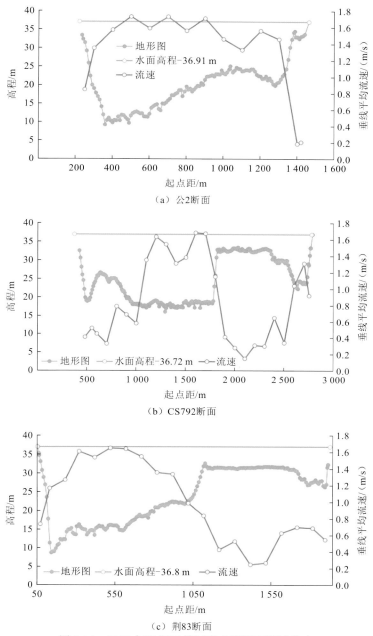

（a）公2断面

（b）CS792断面

（c）荆83断面

图 5.14　2020 年汛期石首河段典型断面流速分布

　　由图 5.14 分析可知：公 2 断面，其断面形态呈 W 形，深泓偏于左岸，在汛期主流主要位于河道中间偏左，右侧边滩流速仅为 0.2 m/s 左右；CS792 断面，中间靠右处为心滩，左汊为主汊，在汛期主流位于左汊中间部位，心滩上垂线平均流速大幅下降，一般小于 0.6 m/s；荆 83 断面，中间靠右处为洲滩，左汊为主汊，在汛期主流位于左汊中间部位，右汊流速较小。荆 83 断面右岸种植大量杨树，靠近右岸的流速一般小于 0.7 m/s，洲滩上芦苇显著降低流速，垂线平均流速大幅下降，一般小于 0.6 m/s。

　　由图 5.15 分析可知：OCK+1 断面，中间靠右处为江心洲，左汊为主汊，在汛期主流位于左汊中间部位。OCK+1 断面靠近支汊的流速一般小于 0.7 m/s，江心洲上均为芦苇，滩面流速无测量值，江心洲左右缘流速均小于 0.3 m/s。

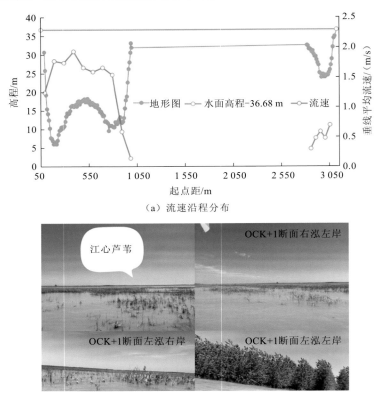

（a）流速沿程分布

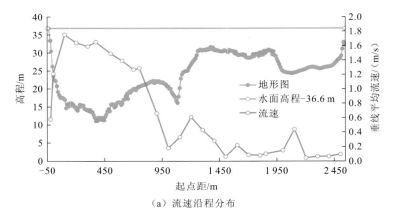

（b）流速监测位置示意图

图 5.15　2020 年汛期石首河段 OCK+1 断面流速分布

　　由图 5.16 分析可知：OCK+2 断面，中间靠右处为心滩，左汊为主汊，在汛期主流贴近左岸，中间靠右位置流速较小。江心洲存在大量芦苇，该处流速一般小于 0.6 m/s，甚至大多数位置流速仅为 0.2 m/s 左右。

（a）流速沿程分布

（b）流速监测位置示意图

图 5.16　2020 年汛期石首河段 OCK+2 断面流速分布

由上述典型滩地流速分布监测结果可知，在汛期由于洲滩上存在大量的植被，与相邻位置相比，洲滩上流速均出现大幅的减小，说明滩面上植被滞速效果明显。

5.1.2　植被阻力特性试验

为了进一步研究植被对水流阻力特性的影响，开展了不同植物不同工况下水流阻力变化试验。

1. 植物选择及布置

本试验选取与三种代表性的天然水生植物形态相似的仿真植物（两种淹没植物，一种非淹没植物）作为研究对象，分别模拟河岸洲滩的矮草、莎草和芦苇（图 5.17）。矮草模型植物底座为塑料圆形底，直径为 2 cm，高约为 3 cm，上面布满了细针状的针叶，由于针叶分布密实，所以整体有一定的韧性。莎草模型植物底座为陶瓷椭圆底，厚约为 1 cm，无茎秆，从根部生出 10 个叶片，叶片宽度为 2～5 mm，叶片有一定的柔性，在水中会顺着水流方向出现一定的摇摆和倒伏。芦苇模型植物底座同样为陶瓷椭圆底，厚约为 1 cm，茎秆长为 45 cm，从根部向上约 7 cm 的区间内无叶片，由此向上至植物顶部平均分布着约 30 个叶片，与莎草模型植物采用同种材料制成，叶片宽度为 2～5 mm，叶片有一定的柔性，但是茎秆较为坚韧，所以在水下叶片会有一定的摆动，但是植物不会出现明显倒伏，属于挺水植物。

三种植物（矮草、莎草和芦苇）在水槽试验中采用相同的排列方式（图 5.18）。三种植物的排列方式为纵向、横向间距均保持 5 cm，植物带纵向长度为 4 m。试验在 28 m×0.5 m×0.5 m（长×宽×高）的变坡水槽中进行，各种植物在水槽中的布置效果见图 5.19。

2. 试验条件

试验选取无草（P0）、矮草（P1）、莎草（P2）和芦苇（P3）4 种情况，每种情况分别设定流量 Q 为 3～120 L/s 和 H_0 为 20 cm、30 cm、40 cm，试验中水槽底面无坡降。水位测点布置 4 个，分别在植物带的上游 8 m 处（H_1）、植物带的上边界（H_2）、植物带的下边界

（a）矮草模型植物与天然水生原型植物

（b）莎草模型植物与天然水生原型植物

（c）芦苇模型植物与天然水生原型植物

图 5.17　三种代表性的模型植物与天然水生植原型植物

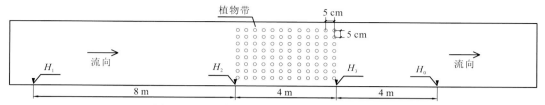

图 5.18　不同植物排列及水位测点布置示意图

H_1 为植物带的上游 8 m 处；H_2 为植物带的上边界；H_3 为植物带的下边界；H_0 为植物带的下游 4 m 处

（a）无草情况　　　　　　　　　　　　　　　（b）矮草情况

（c）莎草情况　　　　　　　　　　　　　　　（d）芦苇情况

图 5.19　各种植物在水槽中的布置效果图

（H_3）和植物带的下游 4 m 处（H_0），试验中以 H_0 处水位进行控制。在试验过程中，由于水槽高度均为 50 cm，在高水位情况下（H_0=40 cm），芦苇对水位的壅高作用明显，进口最大流量仅为 40 L/s，否则水槽上段发生漫溢；在低水位情况下（H_0=20 cm），莎草和芦苇在流量大于 80 L/s 时，水槽尾门对水位失去控制，所以试验共进行了 214 组（图 5.20、图 5.21、表 5.1～表 5.4）。在试验中，水流雷诺数计算公式如下：

$$Re = UR/\upsilon \tag{5.1}$$

式中：U 为断面平均流速；R 为水力半径；υ 为黏滞系数。本次试验水温为 10 ℃，雷诺数的变化范围为 1 762～120 446，均大于明渠临界雷诺数，本试验水流条件均为紊流；弗劳德数的变化范围为 0.008～0.551，说明本试验水流均为缓流。值得说明的是，本次试验边界含植物明渠，受植物和水槽底坡为零的影响，此时明渠水流实际为恒定非均匀流，限于明渠恒定非均匀流相关公式较少，本次试验仍采用明渠恒定均匀流中的部分公式进行分析。

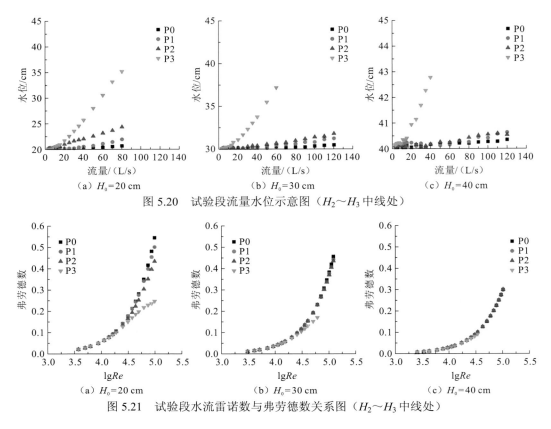

图 5.20　试验段流量水位示意图（$H_2\sim H_3$ 中线处）

图 5.21　试验段水流雷诺数与弗劳德数关系图（$H_2\sim H_3$ 中线处）

表 5.1　不同植物阻力特性试验水流要素表（无草）

试验组次	植物类别	H_0/cm	流量/（L/s）	试验组次	植物类别	H_0/cm	流量/（L/s）	试验组次	植物类别	H_0/cm	流量/（L/s）
SW1	无草	20	3	SW14	无草	20	60	SW27	无草	30	15
SW2	无草	20	4	SW15	无草	20	70	SW28	无草	30	20
SW3	无草	20	5	SW16	无草	20	80	SW29	无草	30	25
SW4	无草	20	7	SW17	无草	20	90	SW30	无草	30	30
SW5	无草	20	9	SW18	无草	20	100	SW31	无草	30	35
SW6	无草	20	11	SW19	无草	20	110	SW32	无草	30	40
SW7	无草	20	15	SW20	无草	20	120	SW33	无草	30	50
SW8	无草	20	20	SW21	无草	30	3	SW34	无草	30	60
SW9	无草	20	25	SW22	无草	30	4	SW35	无草	30	70
SW10	无草	20	30	SW23	无草	30	5	SW36	无草	30	80
SW11	无草	20	35	SW24	无草	30	7	SW37	无草	30	90
SW12	无草	20	40	SW25	无草	30	9	SW38	无草	30	100
SW13	无草	20	50	SW26	无草	30	11	SW39	无草	30	110

试验组次	植物类别	H_0/cm	流量/（L/s）	试验组次	植物类别	H_0/cm	流量/（L/s）	试验组次	植物类别	H_0/cm	流量/（L/s）
SW40	无草	30	120	SW47	无草	40	15	SW54	无草	40	60
SW41	无草	40	3	SW48	无草	40	20	SW55	无草	40	70
SW42	无草	40	4	SW49	无草	40	25	SW56	无草	40	80
SW43	无草	40	5	SW50	无草	40	30	SW57	无草	40	90
SW44	无草	40	7	SW51	无草	40	35	SW58	无草	40	100
SW45	无草	40	9	SW52	无草	40	40	SW59	无草	40	110
SW46	无草	40	11	SW53	无草	40	50	SW60	无草	40	120

表 5.2　不同植物阻力特性试验水流要素表（矮草）

试验组次	植物类别	H_0/cm	流量/（L/s）	试验组次	植物类别	H_0/cm	流量/（L/s）	试验组次	植物类别	H_0/cm	流量/（L/s）
SA1	矮草	20	3	SA21	矮草	30	9	SA41	矮草	40	9
SA2	矮草	20	4	SA22	矮草	30	11	SA42	矮草	40	11
SA3	矮草	20	5	SA23	矮草	30	15	SA43	矮草	40	15
SA4	矮草	20	7	SA24	矮草	30	20	SA44	矮草	40	20
SA5	矮草	20	9	SA25	矮草	30	25	SA45	矮草	40	25
SA6	矮草	20	11	SA26	矮草	30	30	SA46	矮草	40	30
SA7	矮草	20	15	SA27	矮草	30	35	SA47	矮草	40	35
SA8	矮草	20	20	SA28	矮草	30	40	SA48	矮草	40	40
SA9	矮草	20	25	SA29	矮草	30	50	SA49	矮草	40	50
SA10	矮草	20	30	SA30	矮草	30	60	SA50	矮草	40	60
SA11	矮草	20	35	SA31	矮草	30	70	SA51	矮草	40	70
SA12	矮草	20	40	SA32	矮草	30	80	SA52	矮草	40	80
SA13	矮草	20	50	SA33	矮草	30	90	SA53	矮草	40	90
SA14	矮草	20	60	SA34	矮草	30	100	SA54	矮草	40	100
SA15	矮草	20	70	SA35	矮草	30	110	SA55	矮草	40	110
SA16	矮草	20	80	SA36	矮草	30	120	SA56	矮草	40	120
SA17	矮草	30	3	SA37	矮草	40	3				
SA18	矮草	30	4	SA38	矮草	40	4				
SA19	矮草	30	5	SA39	矮草	40	5				
SA20	矮草	30	7	SA40	矮草	40	7				

表 5.3　不同植物阻力特性试验水流要素表（莎草）

试验组次	植物类别	H_0/cm	流量/(L/s)	试验组次	植物类别	H_0/cm	流量/(L/s)	试验组次	植物类别	H_0/cm	流量/(L/s)
SS1	莎草	20	3	SS21	莎草	30	9	SS41	莎草	40	9
SS2	莎草	20	4	SS22	莎草	30	11	SS42	莎草	40	11
SS3	莎草	20	5	SS23	莎草	30	15	SS43	莎草	40	15
SS4	莎草	20	7	SS24	莎草	30	20	SS44	莎草	40	20
SS5	莎草	20	9	SS25	莎草	30	25	SS45	莎草	40	25
SS6	莎草	20	11	SS26	莎草	30	30	SS46	莎草	40	30
SS7	莎草	20	15	SS27	莎草	30	35	SS47	莎草	40	35
SS8	莎草	20	20	SS28	莎草	30	40	SS48	莎草	40	40
SS9	莎草	20	25	SS29	莎草	30	50	SS49	莎草	40	50
SS10	莎草	20	30	SS30	莎草	30	60	SS50	莎草	40	60
SS11	莎草	20	35	SS31	莎草	30	70	SS51	莎草	40	70
SS12	莎草	20	40	SS32	莎草	30	80	SS52	莎草	40	80
SS13	莎草	20	50	SS33	莎草	30	90	SS53	莎草	40	90
SS14	莎草	20	60	SS34	莎草	30	100	SS54	莎草	40	100
SS15	莎草	20	70	SS35	莎草	30	110	SS55	莎草	40	110
SS16	莎草	20	80	SS36	莎草	30	120	SS56	莎草	40	120
SS17	莎草	30	3	SS37	莎草	40	3				
SS18	莎草	30	4	SS38	莎草	40	4				
SS19	莎草	30	5	SS39	莎草	40	5				
SS20	莎草	30	7	SS40	莎草	40	7				

表 5.4　不同植物阻力特性试验水流要素表（芦苇）

试验组次	植物类别	H_0/cm	流量/(L/s)	试验组次	植物类别	H_0/cm	流量/(L/s)	试验组次	植物类别	H_0/cm	流量/(L/s)
SL1	芦苇	20	3	SL12	芦苇	20	40	SL23	芦苇	30	15
SL2	芦苇	20	4	SL13	芦苇	20	50	SL24	芦苇	30	20
SL3	芦苇	20	5	SL14	芦苇	20	60	SL25	芦苇	30	25
SL4	芦苇	20	7	SL15	芦苇	20	70	SL26	芦苇	30	30
SL5	芦苇	20	9	SL16	芦苇	20	80	SL27	芦苇	30	35
SL6	芦苇	20	11	SL17	芦苇	30	3	SL28	芦苇	30	40
SL7	芦苇	20	15	SL18	芦苇	30	4	SL29	芦苇	30	50
SL8	芦苇	20	20	SL19	芦苇	30	5	SL30	芦苇	30	60
SL9	芦苇	20	25	SL20	芦苇	30	7	SL31	芦苇	40	3
SL10	芦苇	20	30	SL21	芦苇	30	9	SL32	芦苇	40	4
SL11	芦苇	20	35	SL22	芦苇	30	11	SL33	芦苇	40	5

试验组次	植物类别	H_0/cm	流量/(L/s)	试验组次	植物类别	H_0/cm	流量/(L/s)	试验组次	植物类别	H_0/cm	流量/(L/s)
SL34	芦苇	40	7	SL37	芦苇	40	15	SL40	芦苇	40	30
SL35	芦苇	40	9	SL38	芦苇	40	20	SL41	芦苇	40	35
SL36	芦苇	40	11	SL39	芦苇	40	25	SL42	芦苇	40	40

3. 试验成果分析

1）水面比降变化

明渠中存在植物会改变水流阻力，导致植物区水位抬高、水面比降增大。本次试验观测了不同流量和水位含植物明渠不同位置的水位变化，计算了相应的水面比降，并对不同植物情况下水面比降变化特性进行分析。

图 5.22～图 5.24 为无草、矮草、莎草和芦苇 4 种情况下不同位置处的水面比降与流量的变化关系。由图 5.22～图 5.24 可见，不同位置、不同植物水面比降随水深的增加而逐渐减小。无草且流量为 40 L/s 情况下，在 H_1～H_2 段植物上游区，当控制水位 H_0 为 20 cm、30 cm 和 40 cm 时，水面比降分别为 3.75×10^{-4}、1.53×10^{-4} 和 1.35×10^{-4}。莎草且流量为 40 L/s 情况下，在 H_1～H_2 段植物上游区，当控制水位 H_0 为 20 cm、30 cm 和 40 cm 时，水面比降分别为 1.93×10^{-3}、9.62×10^{-4} 和 4.73×10^{-4}。在 H_2～H_3 段植物区，当控制水位 H_0 为 20 cm、30 cm 和 40 cm 时，水面比降分别为 7.65×10^{-3}、2.21×10^{-3} 和 6.17×10^{-4}。在 H_3～H_0 段植物下游区，当控制水位 H_0 为 20 cm、30 cm 和 40 cm 时，水面比降分别为 1.09×10^{-3}、1.22×10^{-4} 和 7.60×10^{-5}。

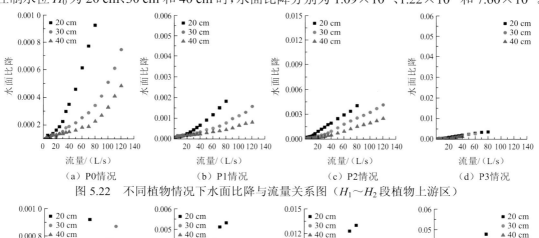

（a）P0情况　　（b）P1情况　　（c）P2情况　　（d）P3情况

图 5.22　不同植物情况下水面比降与流量关系图（H_1～H_2 段植物上游区）

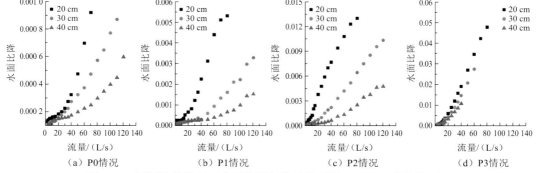

（a）P0情况　　（b）P1情况　　（c）P2情况　　（d）P3情况

图 5.23　不同植物情况下水面比降与流量关系图（H_2～H_3 段植物区）

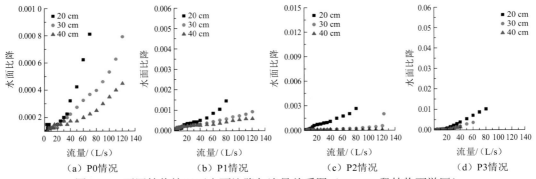

图 5.24　不同植物情况下水面比降与流量关系图（$H_3 \sim H_0$ 段植物下游区）

同一植物在水槽不同位置，水面比降也呈不同的变化规律：淹没型植物矮草工况，相同水位情况下，明渠各位置的水面比降大小依次为 $H_2 \sim H_3$ 段植物区、$H_1 \sim H_2$ 段植物上游区和 $H_3 \sim H_0$ 段植物下游区（其中当流量为 40 L/s、H_0 为 20 cm 时，水面比降大小依次为 2.24×10^{-3}、6.59×10^{-4} 和 5.10×10^{-4}）；淹没型植物莎草工况，相同水位情况下，明渠各位置的水面比降大小也依次为 $H_2 \sim H_3$ 段植物区、$H_1 \sim H_2$ 段植物上游区和 $H_3 \sim H_0$ 段植物下游区（其中当流量为 40 L/s、H_0 为 20 cm 时，水面比降大小依次为 7.65×10^{-3}、1.93×10^{-3} 和 1.09×10^{-3}）；而对于非淹没型芦苇工况，相同水位情况下，明渠各位置的水面比降大小却依次为 $H_2 \sim H_3$ 段植物区、$H_3 \sim H_0$ 段植物下游区和 $H_1 \sim H_2$ 段植物上游区（其中当流量为 40 L/s、H_0 为 20 cm 时，水面比降大小依次为 1.90×10^{-2}、3.76×10^{-3} 和 1.86×10^{-3}）。

各植物区水面比降变化的规律是：在相同水位和流量时，植物为芦苇时的水面比降最大，莎草其次，矮草较小，无草最小；同流量和同植物时，水位高时水面比降小，水位低时水面比降大。具体的变化是：矮草工况下，随流量增大，水面比降也相应增大，当水位较低时，水面比降增幅较大；莎草工况下，水面比降变化特性与矮草基本相同，仅在同样水流条件下，水面比降较矮草工况有明显增大；芦苇工况下，随流量增大，水面比降快速增大，其变幅明显较矮草工况和莎草工况大，同流量下，随水位变化时，水面比降变幅不大。

2）曼宁粗糙系数变化

曼宁粗糙系数计算公式如下：

$$n = \frac{1}{U} R^{2/3} J^{1/2} \tag{5.2}$$

式中：U 为断面平均流速；R 为水力半径；J 为水面比降。为研究含不同植物明渠沿程曼宁粗糙系数的变化，每种植物选取三种水位（H_0=20 cm、H_0=30 cm 和 H_0=40 cm），由于在实际工程中所遇到的水流大多数是阻力平方区的紊流，谢才系数的经验公式是根据阻力平方区紊流的大量实测资料求得的，所以一般情况下谢才公式仅适用于阻力平方区的紊流，考虑到本次试验流量的变化范围为 3～120 L/s，当流量较小时，水流虽处于紊流，但可能处于紊流光滑区或紊流过渡粗糙区，因此选用较大的流量（大于 20 L/s）进行曼宁粗糙系数的推求，研究不同植物工况下的变化规律（图 5.25～图 5.27）。

（1）无草工况下，同水位时，曼宁粗糙系数随流量的增加而逐渐减小；水位变化情况下，同流量下水位高时的曼宁粗糙系数较大，水位低时的曼宁粗糙系数较小，但流量至 80 L/s 附近各水位下的曼宁粗糙系数趋于稳定，约为 0.01。

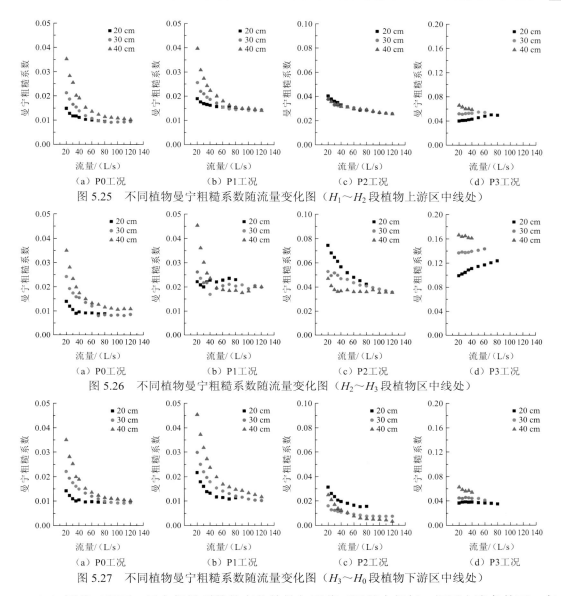

图 5.25　不同植物曼宁粗糙系数随流量变化图（$H_1 \sim H_2$ 段植物上游区中线处）

图 5.26　不同植物曼宁粗糙系数随流量变化图（$H_2 \sim H_3$ 段植物区中线处）

图 5.27　不同植物曼宁粗糙系数随流量变化图（$H_3 \sim H_0$ 段植物下游区中线处）

（2）矮草工况下，曼宁粗糙系数的变化特性与无草工况基本相似；相同水流条件下，有矮草工况下明渠各位置的曼宁粗糙系数均明显大于无草工况。如当流量为 40 L/s、H_0 为 20 cm 时，在 $H_1 \sim H_2$ 段植物上游区、$H_2 \sim H_3$ 段植物区和 $H_3 \sim H_0$ 段植物下游区，无草工况下分别为 0.011 1、0.009 6 和 0.010 5，矮草工况下则分别为 0.016 3、0.022 8 和 0.013 2。不同水位时，相比无草工况在 80 L/s 以上流量时曼宁粗糙系数基本稳定为 0.01，矮草工况则在 40 L/s 以上流量时曼宁粗糙系数在各位置基本稳定，其中在 $H_1 \sim H_2$ 段植物上游区约为 0.015，$H_2 \sim H_3$ 段植物区约为 0.02，$H_3 \sim H_0$ 段植物下游区约为 0.013。

（3）莎草工况下，明渠各位置的曼宁粗糙系数在同水流条件下，明显较无草工况和矮草工况下偏大，如流量为 40 L/s、H_0 为 20 cm 时，在 $H_1 \sim H_2$ 段植物上游区、$H_2 \sim H_3$ 段植物区和 $H_3 \sim H_0$ 段植物下游区，莎草工况下分别为 0.033 0、0.056 7 和 0.019 4。与无草工况和矮草工况下水位高时曼宁粗糙系数大的工况相反，莎草工况下同流量水位高时曼宁粗糙系数较小，水位低时曼宁粗糙系数却较大。如流量为 40 L/s、H_0 为 40 cm 时，在 $H_1 \sim H_2$ 段植物上游区、$H_2 \sim H_3$ 段植物区和 $H_3 \sim H_0$ 段植物下游区，莎草工况下分别为 0.031 7、0.036 7 和 0.012 5，分析其原因应是莎草植株较大，当水位较低时，莎草对水流的阻水作用较强。随流量的增加，相同水位时的曼宁粗糙系数有减小的趋势，其原因是受大流量、大流速水流的冲击，莎草发生明显倒伏，引起阻力下降。至 110 L/s 流量时不同水位情况下的曼宁粗糙系数基本相等，其中在 $H_1 \sim H_2$ 段植物上游区、$H_2 \sim H_3$ 段植物区和 $H_3 \sim H_0$ 段植物下游区分别约为 0.025 0、0.035 0 和 0.007 5。

（4）芦苇工况下，在明渠不同位置，同流量时，随水位的升高，曼宁粗糙系数逐渐加大；在低水位时，曼宁粗糙系数随流量增加而增大，而在高水位时，曼宁粗糙系数随流量增加而减小（其主要原因是，低水位时，水面在芦苇秆和枝叶过渡区域，随流量增加，芦苇倒伏，引起上部枝叶下移，阻水增强，阻力变大；而高水位时，水面已在芦苇枝叶的中上部，随流量增加，芦苇倒伏，阻水却减弱，阻力相应变小）；随流量增加至一定程度，在明渠不同位置，曼宁粗糙系数也不随水位变化而逐渐趋近恒定值（限于水槽原因，无法达到曼宁粗糙系数趋近时的流量，但通过变化趋势可以看出，趋近后的曼宁粗糙系数在 $H_1 \sim H_2$ 段植物上游区、$H_2 \sim H_3$ 段植物区和 $H_3 \sim H_0$ 段植物下游区分别约为 0.045 0、0.150 0 和 0.035 0）。

由以上分析可知：对于植物带处的曼宁粗糙系数，在相同水流条件下，各植物工况下的曼宁粗糙系数大小依次为非淹没植物芦苇、淹没植物莎草和矮草，无草时最小；由于各植物的存在，对明渠产生明显的阻流作用，已与无草明渠河床明显不同，一部分植物植株可等价成含植物明渠的河床，定义为含植物明渠的等效河床。相同水流条件下，植物的等效河床高度越大，曼宁粗糙系数越大；对于淹没植物，等效河床高度明显小于明渠水位，同水位时，曼宁粗糙系数随流量的增大而逐渐减小，最后趋于恒定；对于非淹没植物，当其等效河床高度接近明渠水位时（H_0=20 cm），曼宁粗糙系数随流量的增加而逐渐增大，最后趋于恒定，当等效河床高度稍小于明渠水位时（H_0=30 cm），曼宁粗糙系数随流量的增加也略有增加，但幅度不大，当等效河床高度明显小于明渠水位时（H_0=40 cm），曼宁粗糙系数随流量的增加而逐渐减小，此时其变化特性与淹没植物相似。

3）阻力系数变化

根据达西公式，明渠水流的沿程水头损失 h_f 计算式为

$$h_f = \lambda \frac{l}{4R} \frac{U^2}{2g} \tag{5.3}$$

据此可推导沿程阻力系数 λ 为

$$\lambda = \frac{8JRg}{U^2} \tag{5.4}$$

式中：U 为断面平均流速；R 为水力半径；l 为明渠长度；g 为重力加速度；J 为水面比降。由此得到明渠不同位置各植物工况下的阻力系数（图 5.28～图 5.30）。

由图 5.28～图 5.30 可见，在明渠不同位置，阻力系数随植物和水流条件的变化发生一定规律的调整。以 $H_2 \sim H_3$ 段植物区阻力系数变化为例，在高水位（H_0=40 cm）情况下，同水流雷诺数时芦苇工况的阻力系数最大，莎草次之，矮草较小，无草时最小；在雷诺数较

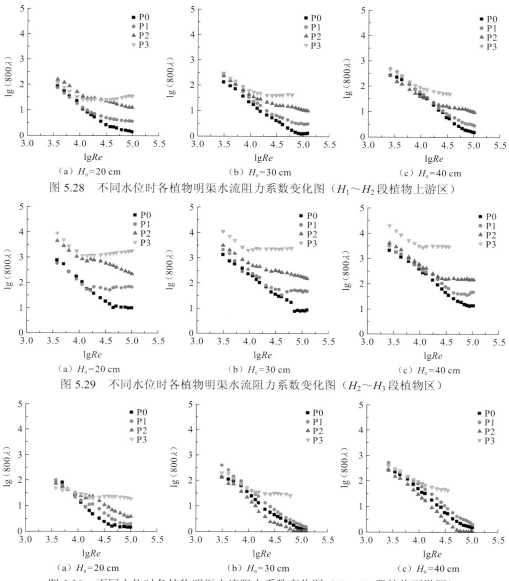

图 5.28　不同水位时各植物明渠水流阻力系数变化图（$H_1 \sim H_2$ 段植物上游区）

图 5.29　不同水位时各植物明渠水流阻力系数变化图（$H_2 \sim H_3$ 段植物区）

图 5.30　不同水位时各植物明渠水流阻力系数变化图（$H_3 \sim H_0$ 段植物下游区）

小时，各植物阻力系数随雷诺数的增大而逐渐减小（无草和淹没型矮草、莎草此时的阻力系数变化基本相同），但雷诺数增大至一定数值后，各植物的阻力系数开始有不同的变化，随雷诺数继续增大至一定数值后（此时水流的 $\lg Re$，无草时为 4.9，矮草时为 4.8，莎草时为 4.7，芦苇时为 4.3），各植物的阻力系数虽有不同，但各自都基本保持稳定。

根据以上变化规律可对各植物工况的水流进行分区：首先以淹没型莎草为例，当 $\lg Re < 4.3$ 时为紊流光滑区，此时阻力系数仅与水流雷诺数相关，与淹没植物类型无关；当 $4.3 < \lg Re < 4.7$ 时为紊流过渡粗糙区，此时阻力系数不仅与水流雷诺数相关，也与植物的粗糙度有关，阻力大的植物阻力系数明显偏大；当 $\lg Re > 4.7$ 时为紊流粗糙区，此时阻力系数仅与淹没植物粗糙度相关，与水流雷诺数无关。非淹没植物芦苇的阻力系数变化与莎草基本类似。与此相应，在中低水位下，不同植物阻力系数也存在相似变化，莎草工况在大于一定水流雷诺数时，阻力系数逐渐减小，而芦苇工况在大于一定水流雷诺数时，阻力系数有一定增大，主要原因是，由于流量一定，当水位较低时，水流雷诺数较大，植株较大的柔性植物受大雷诺数水流的冲击会发生倒伏现象，引起莎草等效河床降低、阻力减小和芦苇等效河床抬高、阻力增大。

4）阻力系数经验关系式

利用多元线性回归的方法，对不同植物工况的阻力系数经验关系式进行拟合。以高水位（$H_0=40$ cm）情况为例，在紊流光滑区（Ⅰ区）阻力系数仅与水流雷诺数相关，在紊流过渡粗糙区（Ⅱ区）阻力系数与水流雷诺数和植物类型（即粗糙度）均相关，在紊流粗糙区（Ⅲ区）阻力系数仅与植物类型相关。为进一步分析阻力系数和植物的关系，本小节参考尼古拉兹试验中的相对粗糙度概念，引入植物粗糙度作为各植物的区分指标，其表达式为 Ksb/R（其中 Ksb 为柔性植物的等效河床相对槽底的高度，R 为水力半径），由于矮草和莎草均为淹没型植物，所以 Ksb 即为植物经水流冲击倒伏后的冠顶高度（图 5.31），而芦苇为非淹没型植物，参考已有成果分析，Ksb 即为芦苇秆和枝叶过渡区上边界的高度，利用试验数据对各植物的水流阻力关系式进行拟合（表 5.5），把拟合后的关系式应用于中水位（$H_0=30$ cm）各植物阻力系数的推求，并与试验值进行比较。由图 5.32 可见，试验值和计算值符合较好，因此，该方法能较好地应用于含植物明渠水流阻力系数的推求。

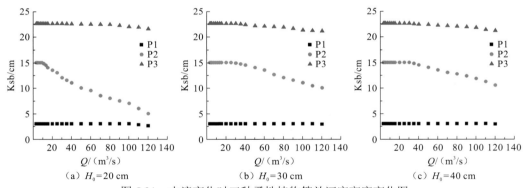

図 5.31　水流变化时三种柔性植物等效河床高度变化图

表 5.5　不同植物阻力系数经验公式表（$H_0=40$ cm）

项目		无草 P0	矮草 P1	莎草 P2	芦苇 P3
Ⅰ区	范围	$3.4<x_1<4.7$	$3.4<x_1<4.5$	$3.3<x_1<4.3$	$3.2<x_1<4.1$
	公式	$y=-1.59x_1+8.9$	$y=-1.59x_1+8.9$	$y=-1.59x_1+8.9$	$y=-1.06x_1+7.5$
Ⅱ区	范围	$4.7<x_1<4.9$	$4.5<x_1<4.8$	$4.3<x_1<4.7$	$4.1<x_1<4.3$
	公式	$y=-0.94x_1-42.6x_2-100.3$	$y=-0.86x_1-79.3x_2-50.7$	$y=-0.40x_1-1.98x_2+4.21$	$y=-0.09x_1+0.17x_2+3.68$
Ⅲ区	范围	$x_1>4.9$	$x_1>4.8$	$x_1>4.7$	$x_1>4.3$
	公式	$y=-35.4x_2-86.9$	$y=-4.55x_2-1.63$	$y=0.26x_2+2.31$	$y=-3.09x_2+3.87$

注：$y=\lg(800\lambda)$，$x_1=\lg Re$，$x_2=\lg(Ksb/R)$。

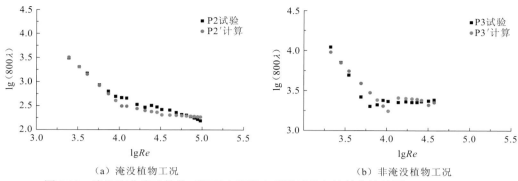

（a）淹没植物工况　　　　　　　　　　　（b）非淹没植物工况

图 5.32　淹没和非淹没植物工况下水流阻力系数试验与计算值比较图（H_0=30 cm）

5.2　洪水过程对河槽发育的影响

5.2.1　三峡水库中小洪水调度情况

三峡水库蓄水运行以后，改变了长江中下游河道的来水来沙条件：一方面，水库拦沙后长江中下游含沙量锐减，导致长江中下游河槽普遍发生冲刷；另一方面，由于水库的调度运行，长江中下游年内径流过程发生了改变，中小洪水持续时间延长，洪峰被削减，河道洪水漫滩概率减小，有可能对长江中下游河道的洪水河槽发育产生一定的影响。

三峡水库在 2008 年以来的试验性蓄水期间开展了中小洪水调度的初步实践。2009 年 8 月 6 日，三峡水库入库出现了 2004 年以来的最大洪水过程，8 时洪峰流量为 55 000 m³/s；8 月 8 日 14 时坝前水位达到 152.89 m。根据当时水雨情及气象预报，应湖北省防汛抗旱指挥部的请求，长江防汛抗旱总指挥部决定对三峡水库实施拦洪调度，水库防洪调度运行从 8 月 4 日 18 时开始拦洪，至 17 日 10 时库水位回落至 146.5 m，历时近 13 天。本次水库调洪是三峡水库试验性蓄水后的首次防洪运行，其控泄调度实现了防洪效益、发电效益和航运效益的三赢。从防洪效益看，入库洪峰流量为 55 000 m³/s，出库洪峰流量为 39 000 m³/s，削减洪峰流量为 16 000 m³/s，削峰率为 29.09%。通过拦蓄洪水，长江中下游没有超过警戒水位，沙市站洪峰水位降低约 2.4 m，大大减轻了湖北段的防洪压力。

2010 年汛期，三峡水库开始汛期中小洪水预报与调度。7 月三峡水库出库流量逐步从 25 000 m³/s 增加到 40 000 m³/s，在洪水过后又从 40 000 m³/s 下调至 34 000 m³/s（图 5.33）。洪水发展过程中，水库坝前水位先由 15 日的 149.62 m 降至 18 日的 146.32 m，腾出库容 16.85 亿 m³，之后发挥其防洪作用拦蓄洪水，库水位持续上升，23 日库水位最高升至 158.86 m，拦蓄洪量为 75.97 亿 m³；这期间最大入库流量为 70 000 m³/s，最大出库流量为 41 400 m³/s，削减洪峰流量为 28 600 m³/s，削峰率为 40.86%。此后，针对下旬发生的一次洪峰流量为 56 000 m³/s 的洪水，三峡水库再次发挥拦洪作用，最高库水位升至 161.01 m（31 日 14 时）。

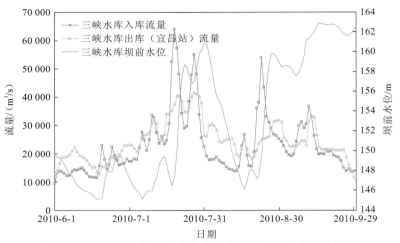

图 5.33　2010 年汛期三峡水库出入库流量及坝前水位过程图

2011 年汛期，长江上游出现多次中小洪水。在保障防洪安全的前提下，对 6 月下旬、7 月上旬、8 月上旬洪水实施了中小洪水调度，拦蓄洪水时坝前最高水位分别为 149.8 m、148.47 m、153.84 m，最大下泄流量为 29 200 m³/s，3 次洪水调度水库共拦蓄洪水量为 88.42 亿 m³，使洪水资源得到了充分利用（图 5.34）。而在 8 月下旬最大入库流量为 24 000 m³/s 的来水过程中，出库流量控制在 15 000 m³/s 左右，最大出库流量为 19 200 m³/s，库水位持续上升，为三峡水库后期蓄至正常蓄水位打下了坚实基础。

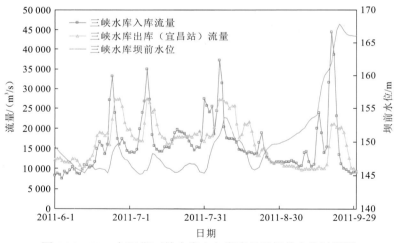

图 5.34　2011 年汛期三峡水库出入库流量及坝前水位过程图

2012 年汛期，长江上游出现了 4 次洪峰，三峡水库最大入库洪峰流量为 71 200 m³/s（图 5.35），超过 2010 年洪水，为建库以来最大洪水。三峡水库对 4 次洪水均进行了削峰拦洪调度，最大下泄流量为 45 800 m³/s（7 月 31 日 8 时），拦蓄洪水时坝前最高水位分别为 152.67 m（7 月 8 日 12 时）、158.88 m（7 月 15 日 23 时）、163.11 m（7 月 27 日 7 时）、160.12 m（9 月 6 日 4 时），4 次洪水削峰调度共拦蓄洪水量约为 202.52 亿 m³，有效减轻了长江中下游的防洪压力。

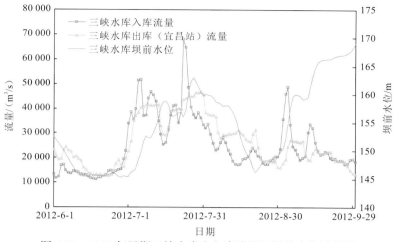

图 5.35　2012 年汛期三峡水库出入库流量及坝前水位过程图

　　三峡水库的中小洪水调度取得了一些成效，但也暴露了一些问题，如中小洪水调度方式及其影响的研究成果还不成熟，体制机制尚不完善，风险承担主体尚不明确等。中小洪水调度时：一方面，水库拦蓄长江上游来水，使得长江中下游河道高滩过流机会减小，可能会导致河道行洪能力的萎缩；另一方面，中水流量持续时间增长，可能会导致中水以下河槽冲刷加剧，从而对险工护岸段、堤脚处近岸河床的冲刷产生一定的影响。

　　为保证三峡水库中小洪水调度风险可控、有效保障长江下游河床发育和河道维护，迫切需要针对洪水过程对洪水河槽发育的影响开展研究，以检验与完善中小洪水调度，进一步提高中小洪水调度的防洪、发电、航运、供水和生态综合效益。

5.2.2　典型洪水选取及水沙过程概化

　　为了研究分析洪水泥沙过程对长江中下游河段河床冲淤的影响，拟通过平面二维水沙数学模型，研究模拟不同水沙条件下长江中下游河道冲淤规律及其对河槽调整塑造的影响。首先，选择 1954 年洪水年作为典型年，采用正态分布曲线模式，概化生成不同类型的洪水过程。

　　一般情况下，正态分布概率密度函数为

$$f(x)=\frac{1}{\sqrt{2\pi}\sigma}\mathrm{e}^{-\frac{(x-\mu)^2}{2\sigma^2}} \tag{5.5}$$

式中：μ 为正态分布的均值；σ 为标准差，通常用于表示数据间离散程度（图 5.36）。

　　概化洪水的流量过程可用下式表示：

$$Q(t)=Q_E\sqrt{2\pi}\sigma f(t) \tag{5.6}$$

式中：$Q(t)$ 为概化洪水的流量；Q_E 为特征洪水流量，用来控制概化洪水过程的洪水总量。通过调整特征洪水流量 Q_E 和流量过程标准差 σ 就可确定概化洪水过程。

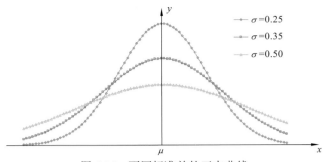

图 5.36　不同标准差的正态曲线

　　由于不同控制站洪水过程有所不同，所以在进行洪水过程概化时，不同控制站概化洪水过程的标准差 σ 有所差异。本书研究概化洪水过程时，不同标准差 σ 对应的洪水过程有所不同，但不同过程对应的洪水总量一致。

　　采用上述方法，依据监利站、汉口站、皇庄站的 1954 年洪水实测资料，概化出各站 1954 年 7~9 月的不同洪水过程（图 5.37）。由于汉江主要控制站仙桃站无 1954 年洪水实测资料，所以用皇庄站代替。

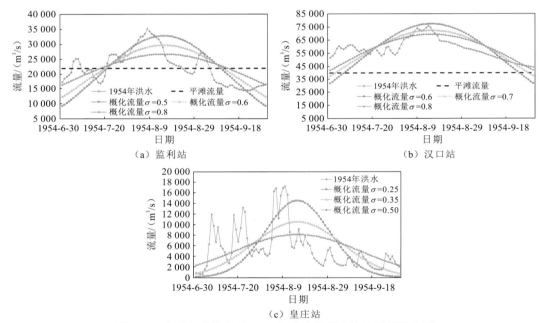

图 5.37　典型河段控制站 1954 年洪水期洪水流量过程概化图

　　三峡水库蓄水运行后，长江中下游沿程各站悬移质含沙量锐减，悬移质级配也较蓄水前发生了较大的变化。因此本书研究采用的洪水过程所对应的含沙量过程，依据三峡水库试验性蓄水后 2013~2019 年监利站、汉口站、仙桃站的流量-输沙量关系进行概化（图 5.38），悬移质级配采用 2013~2019 年各站洪水期 7~9 月的悬移质平均级配（图 5.39）。

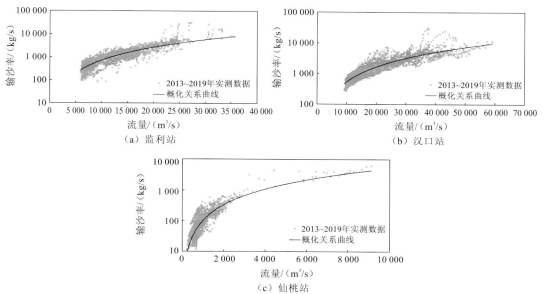

图 5.38　典型河段控制站 2013～2019 年流量-输沙率关系曲线

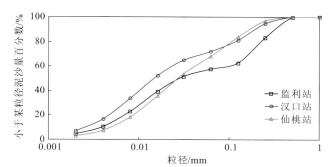

图 5.39　典型河段控制站 2013～2019 年洪水期悬移质平均级配曲线

各站概化洪水过程特征如表 5.6 所示。

表 5.6　控制站概化典型洪水过程特征表

项目	监利站				汉口站			
	1954 年	$\sigma=0.5$	$\sigma=0.6$	$\sigma=0.8$	1954 年	$\sigma=0.6$	$\sigma=0.7$	$\sigma=0.8$
平均流量/（m³/s）	22 291				58 202			
平滩流量/（m³/s）	22 000				40 000			
大于平滩流量天数/d	44	50	54	56	92	78	86	92
输沙量/万 t	13 162	3 019	2 890	2 793	8 544	7 799	7 698	7 637
变异系数 $\sum\left[(Q-\overline{Q})/\overline{Q}\right]^2$	6.04	11.14	5.88	2.04	1.61	5.81	3.31	2.01

5.2.3　不同洪水过程下河槽发育变化规律

基于 5.2.2 小节确定的水沙条件，采用平面二维水沙数学模型，分别对长江干流碾子湾至盐船套河段、武汉河段进行河床冲淤计算。计算起始地形采用 2016 年 10 月实测地形。表 5.7、表 5.8 为不同概化洪水过程条件下的河槽冲淤量统计结果，图 5.40～图 5.45 为不同洪水过程条件下的河床冲淤分布图。

表 5.7　长江干流碾子湾至盐船套河段不同概化洪水过程冲淤量统计表　（单位：万 m³）

河槽	河段	尖瘦型洪水 ←————→ 矮胖型洪水		
		$\sigma=0.5$	$\sigma=0.6$	$\sigma=0.8$
平滩河槽	调关河段	−201	−236	−272
	监利河段	−82	−93	−107
	全河段	−283	−329	−379
洪水河槽	调关河段	−273	−300	−327
	监利河段	−98	−107	−115
	全河段	−371	−407	−442
平滩以上河槽	调关河段	−72	−64	−55
	监利河段	−16	−14	−8
	全河段	−88	−78	−63

表 5.8　长江干流武汉河段不同概化洪水过程冲淤量统计表　（单位：万 m³）

河槽	河段	尖瘦型洪水 ←————→ 矮胖型洪水		
		$\sigma=0.6$	$\sigma=0.7$	$\sigma=0.8$
平滩河槽	纱帽山至汉口河段	−772	−799	−812
	汉口至阳逻河段	−548	−680	−740
	全河段	−1 320	−1 479	−1 552
洪水河槽	纱帽山至汉口河段	−784	−808	−820
	汉口至阳逻河段	−560	−684	−741
	全河段	−1 344	−1 492	−1 561
平滩以上河槽	纱帽山至汉口河段	−12	−9	−8
	汉口至阳逻河段	−12	−4	−1
	全河段	−24	−13	−9

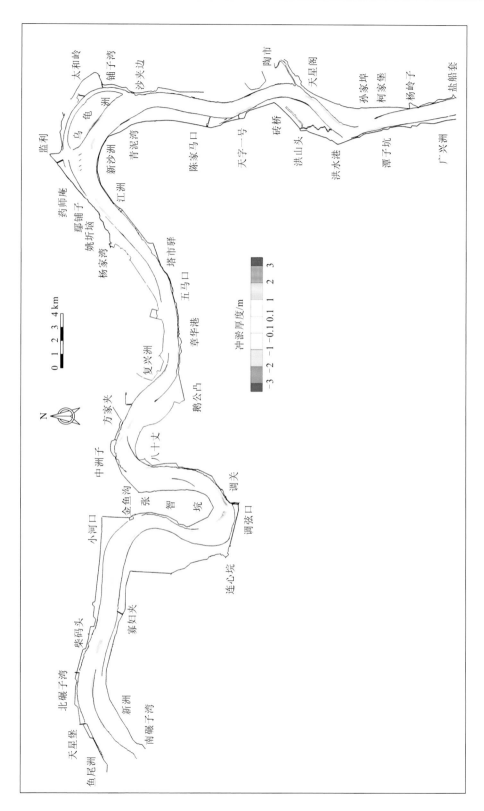

图 5.40　典型洪水过程碾子湾至盐船套河段河槽冲淤分布图（监利站 $\sigma=0.5$）

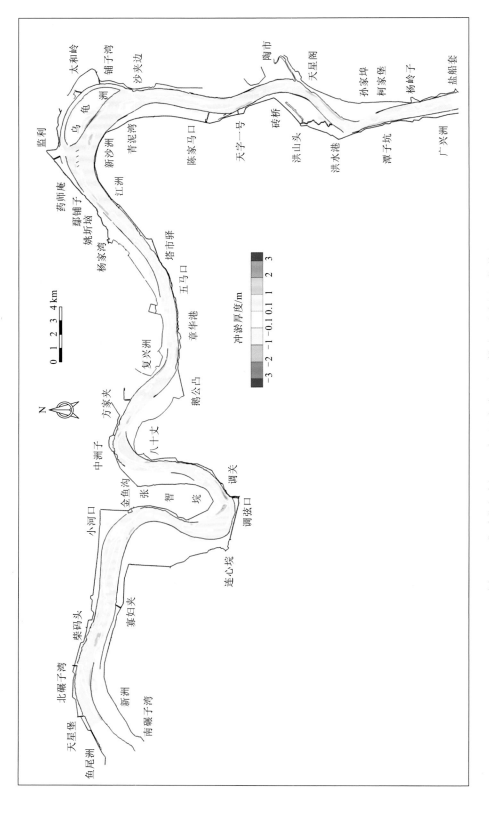

图 5.41　典型洪水过程碾子湾至盐船套河段河槽冲淤分布图（监利站 $\sigma=0.6$）

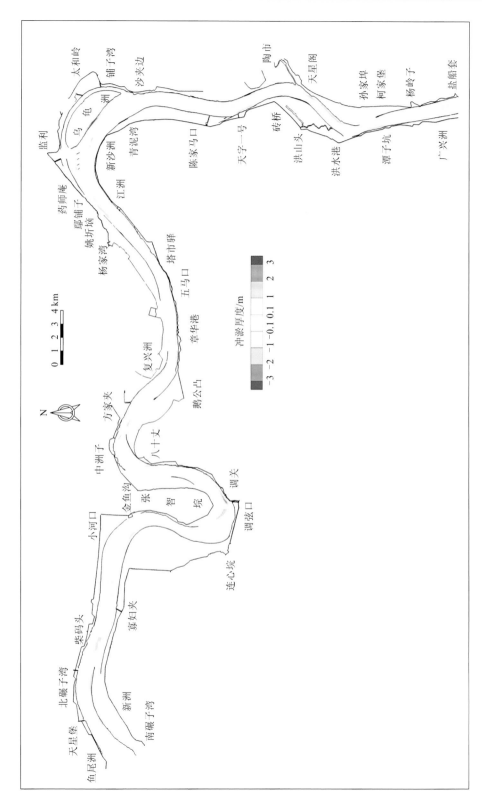

图 5.42　典型洪水过程碾子湾至盐船套河段河槽冲淤分布图（监利站 σ=0.8）

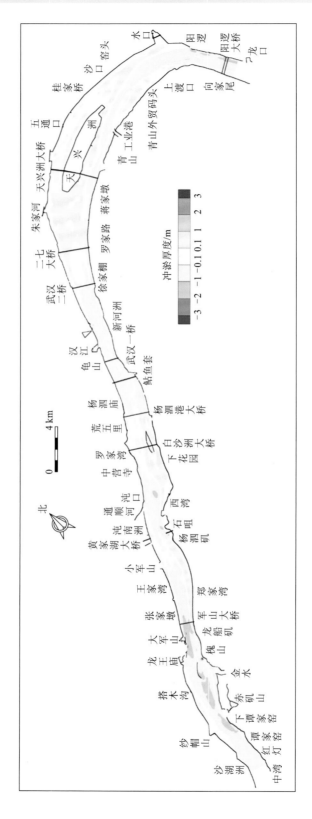

图 5.43　典型洪水过程武汉河段河槽冲淤分布图（汉口站 σ=0.6）

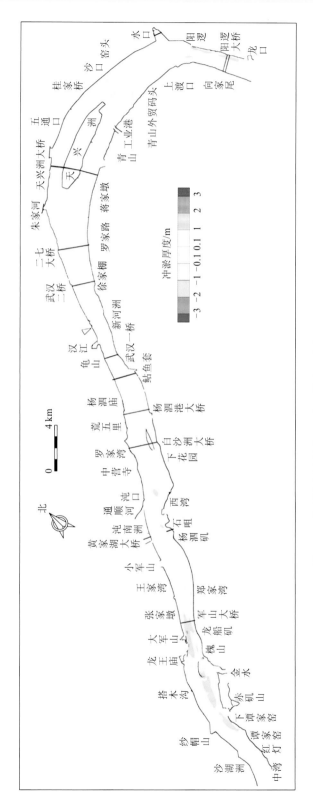

图 5.44　典型洪水过程武汉河段河槽冲淤分布图（汉口站 σ=0.7）

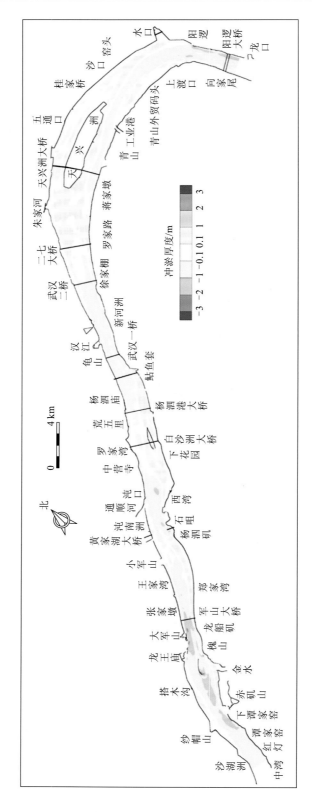

图 5.45　典型洪水过程武汉河段河槽冲淤分布图（汉口站 $\sigma=0.8$）

　　对于碛子湾至盐船套河段而言：监利站洪水过程标准差 σ 分别为 0.5、0.6 和 0.8 时，洪水过程由尖瘦型过渡到矮胖型，其相应概化洪水过程下全河段平滩河槽冲刷量逐渐增加，分别为 283 万 m^3、329 万 m^3 和 379 万 m^3；全河段洪水河槽的冲刷量分别为 371 万 m^3、407 万 m^3 和 442 万 m^3，也呈逐渐增加趋势，但增加幅度有所减小，从而造成平滩以上河槽，即河道中的高滩河槽冲刷量依次递减，分别为 88 万 m^3、78 万 m^3 和 63 万 m^3。

　　对于武汉河段而言，不同概化洪水过程下的河槽冲淤量也表现出同样的变化趋势。汉口站洪水过程标准差 σ 分别为 0.6、0.7 和 0.8 时，洪水过程由尖瘦型过渡到矮胖型，其相应概化洪水过程下全河段平滩河槽冲刷量逐渐增加，分别为 1 320 万 m^3、1 479 万 m^3 和 1 552 万 m^3；全河段洪水河槽冲刷量分别为 1 344 万 m^3、1 492 万 m^3 和 1 561 万 m^3，也呈逐渐增大趋势，但增加幅度也略有减小，从而造成平滩以上河槽全河段冲刷量依次递减，分别为 24 万 m^3、13 万 m^3 和 9 万 m^3。

　　从总体计算结果来看，矮胖型洪水过程对三峡水库下游河道平滩河槽和洪水河槽的塑造作用更强，而尖瘦型洪水过程对于平滩以上河槽，即河道中的高滩河槽塑造作用更强。究其原因，对于一般河道而言，由于造床流量或平滩流量对塑造河床形态所起的作用是最大的，矮胖型洪水的流量过程扁平度较高，平滩流量附近的流量过程持续时间更长，所以其对河槽整体的塑造作用也更强；而尖瘦型洪水过程中的大流量则更多地作用于河槽中的高滩部分，所以尖瘦型洪水对平滩以上的高滩河槽塑造作用更强。

　　上述不同典型河段概化洪水过程下河槽冲淤量的变化规律可为三峡水库的调度提供一定的参考，即三峡水库调度过程中削减大洪峰后的洪量，若能在洪峰过后的洪水期或其后以接近平滩流量大小进行下泄，一般可以增强长江中下游河槽整体的冲刷发展，而与此同时，河槽高滩河床的冲刷可能会有所减弱。

5.3　有利于洪水河槽发育的优化调度方式

5.3.1　不同调度方式对洪水河槽塑造效果

1. 计算条件

1）不同调度方式的拟定

　　三峡水库自 2008 年进入 175 m 试验性蓄水期后，针对长江中下游的防洪、供水和航运等问题，相机采取了汛期中小洪水调度、汛后提前蓄水及枯水期补水等优化调度方式，改变了长江中下游的径流过程。其中枯水期补水和汛后提前蓄水主要影响中小洪水流量，对洪水河槽发育的影响较小。

　　三峡水库汛期调度主要是通过入库洪水进行滞洪，减小长江中下游宜昌站的洪峰流量，使高水位出现频次下降，从而减小长江中下游的防洪压力。但高水位出现频次减少后，长江中下游河道中高滩过水概率有所下降，可直接影响河道的发育。

　　在 2015 年水利部批复的《三峡（初期运行期）—葛洲坝水利枢纽梯级调度规程》中，

针对中小洪水调度提出了原则性条款，"在有充分把握保障防洪安全时，三峡水库可以相机进行中小洪水调度。长江防总应不断总结经验，进一步论证中小洪水调度的条件、目标、原则和利弊得失，研究制定中小洪水调度方案，报国家防总审批。"

在 2020 年水利部批复的《三峡（初期运行期）—葛洲坝水利枢纽梯级调度规程》（2019 年修订版）中，进一步细化了减轻长江中游防汛压力的中小洪水调度方案，当长江上游发生入库中小洪水时，利用 155 m 以下 56.5 亿 m^3 防洪库容实施中小洪水调度，并提出了适用情形。

因此，本小节重点研究不同中小洪水调度方式对河槽短期塑造的影响。选取入库流量较大的 2012 年作为典型洪水年，拟定三峡水库汛期分流量级运行的调度方式（表 5.9），控制最大下泄流量分别为 43 000 m^3/s、45 000 m^3/s、50 000 m^3/s 和 55 000 m^3/s。

表 5.9　调度方案统计表

调度方案	控泄流量/(m^3/s)	方案说明
调度方式 1	43 000	在 2019 年修订版规程基础上，考虑汛期中小洪水调度方案，且控制最大下泄流量为 43 000 m^3/s
调度方式 2	45 000	在 2019 年修订版规程基础上，考虑汛期中小洪水调度方案，且控制最大下泄流量为 45 000 m^3/s
调度方式 3	50 000	在 2019 年修订版规程基础上，考虑汛期中小洪水调度方案，且控制最大下泄流量为 50 000 m^3/s
调度方式 4	55 000	在 2019 年修订版规程基础上，考虑汛期中小洪水调度方案，且控制最大下泄流量为 55 000 m^3/s

采用三峡水库一维水沙数学模型进行汛期调度，得到长江中下游下泄的流量过程。

2）典型河段进出口水沙条件

各调度方式下典型河段（碾子湾至盐船套河段、武汉河段）的进口流量和出口水位由宜昌至大通河段一维水沙数学模型提供（图 5.46）。进口含沙量分别采用 2012 年监利站与汉口站流量-输沙量关系确定（图 5.47），悬移质级配则分别采用 2012 年监利站与汉口站实测悬移质泥沙级配。其中武汉河段有汉江入汇，其入汇水沙采用汉江仙桃站 2012 年实测水沙过程（图 5.48）。

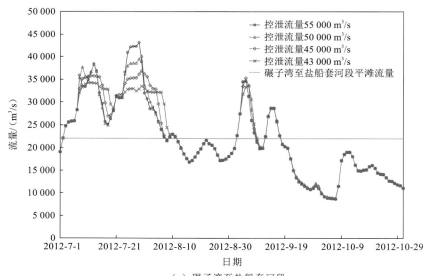

（a）碾子湾至盐船套河段

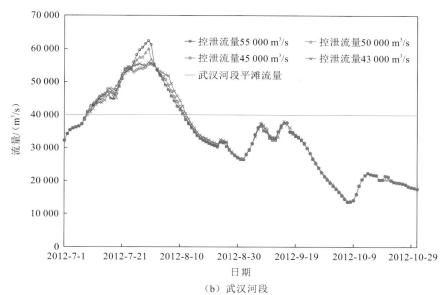

（b）武汉河段

图 5.46　不同调度方式下进口流量过程对比图

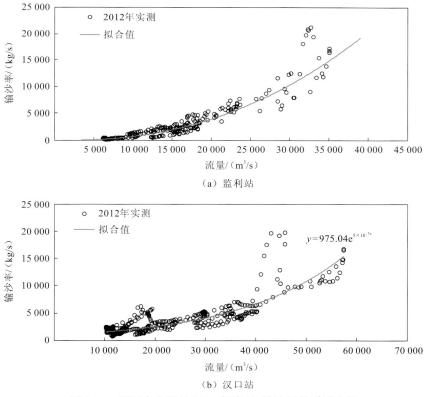

（a）监利站

（b）汉口站

图 5.47　不同水文测站 2012 年流量-输沙量关系拟合图

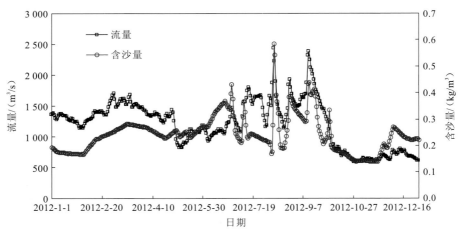

图 5.48　汉江仙桃站 2012 年水沙过程图

由于不同调度方式水沙过程的差异仅体现在 7～10 月，所以本次计算时段为 2012 年 7 月 1 日～10 月 31 日。

2. 计算成果分析

表 5.10 为不同调度方式下各河段的冲淤量统计值，图 5.49、图 5.50 为各河段不同调度方式下的河槽冲淤分布图。

表 5.10　不同调度方式冲淤量统计表（7 月 1 日～10 月 31 日）　　（单位：万 m³）

河段	河槽	调度方式 1 (43 000 m³/s)	调度方式 2 (45 000 m³/s)	调度方式 3 (50 000 m³/s)	调度方式 4 (55 000 m³/s)
碾子湾至盐船套河段	平滩河槽	-705.7	-678.2	-609.5	-584.6
	平滩以上河槽	-74.5	-81.6	-92.2	-96.4
	全河槽	-780.2	-759.8	-701.7	-681.0
武汉河段	平滩河槽	-2 783.6	-2 765.2	-2 757.4	-2 750.7
	平滩以上河槽	40.3	40.6	41.4	42.3
	全河槽	-2 743.3	-2 724.6	-2 716.0	-2 708.4

（1）全河槽总冲淤量变化。

从不同调度方式下的全河槽总冲淤量来看，随着控泄流量的增加，碾子湾至盐船套河段的总冲刷量略有减小。控泄流量分别为 43 000 m³/s、45 000 m³/s、50 000 m³/s 和 55 000 m³/s 时，全河槽总冲刷量分别为 780.2 万 m³、759.8 万 m³、701.7 万 m³ 和 681.0 万 m³，最大值与最小值的变化幅度约为 14.6%。武汉河段不同调度方式下的冲淤量也表现出同样的变化规律，控泄流量分别为 43 000 m³/s、45 000 m³/s、50 000 m³/s 和 55 000 m³/s 时，全河槽总冲刷量分别为 2 743.3 万 m³、2 724.6 万 m³、2 716.0 万 m³ 和 2 708.4 万 m³，最大值与最小值的变化幅度约为 1.3%。

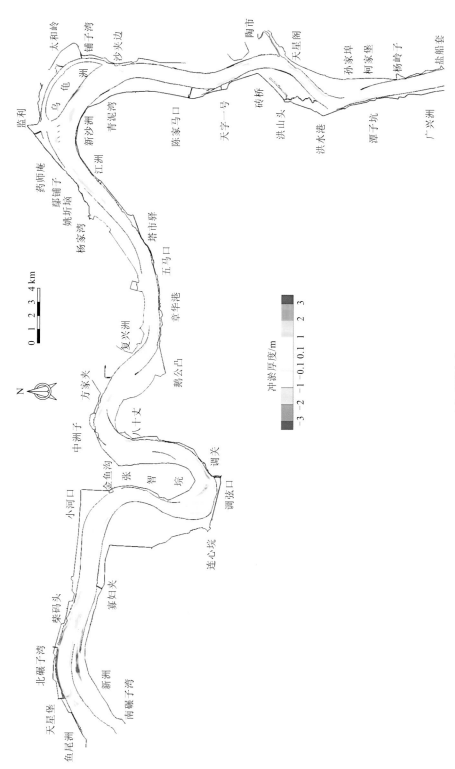

（a）调度方式1

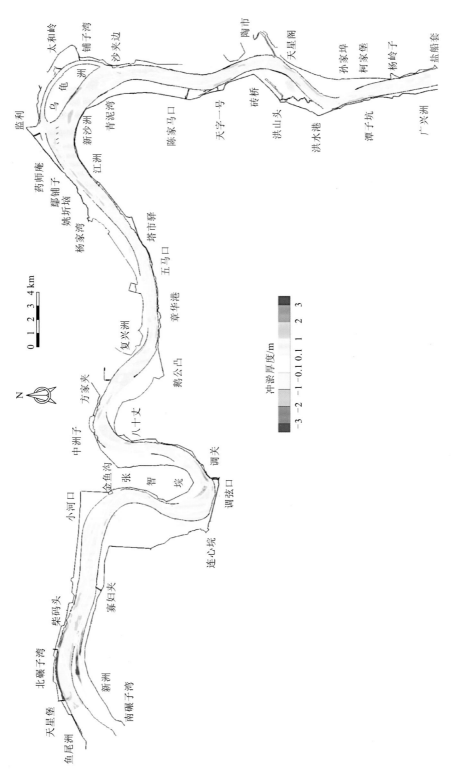

冲淤厚度/m

−3 −2 −1 −0.1 0.1 1 2 3

(b) 调度方式2

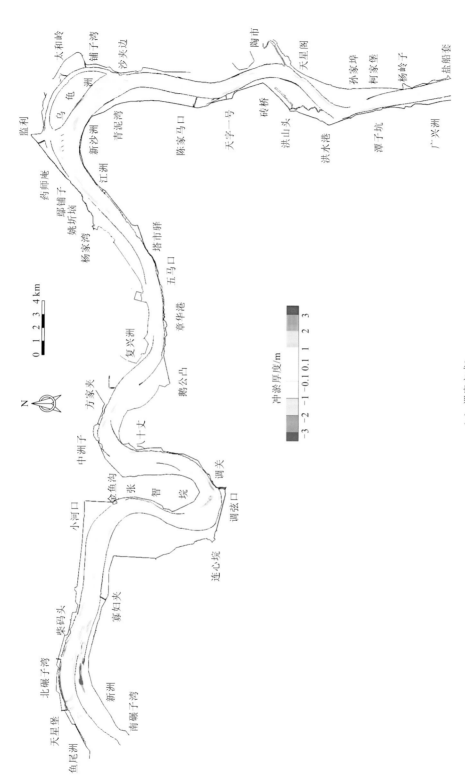

（c）调度方式3

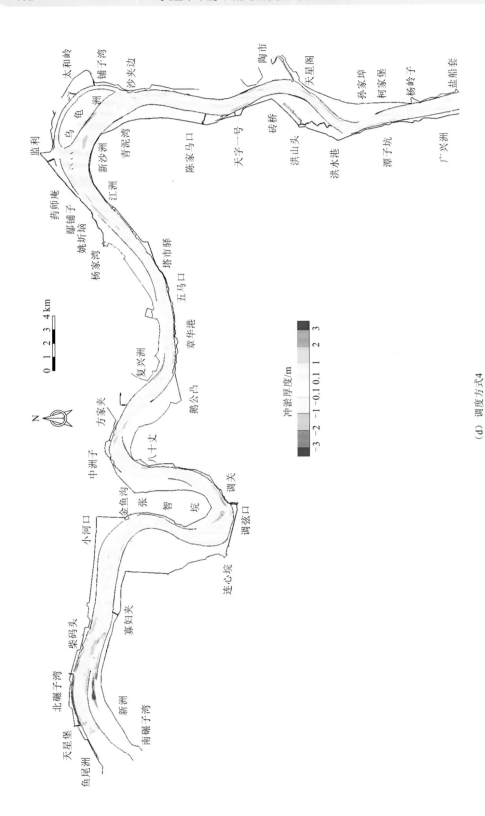

冲淤厚度/m

-3 -2 -1 -0.1 0.1 1 2 3

(d) 碾子湾4

图 5.49　不同调度方式下碾子湾至盐船套河段计算冲淤分布图

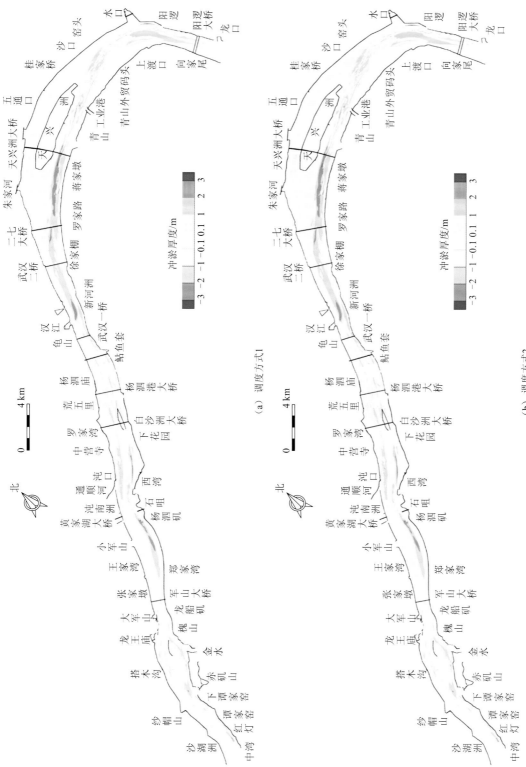

（a）调度方式1

（b）调度方式2

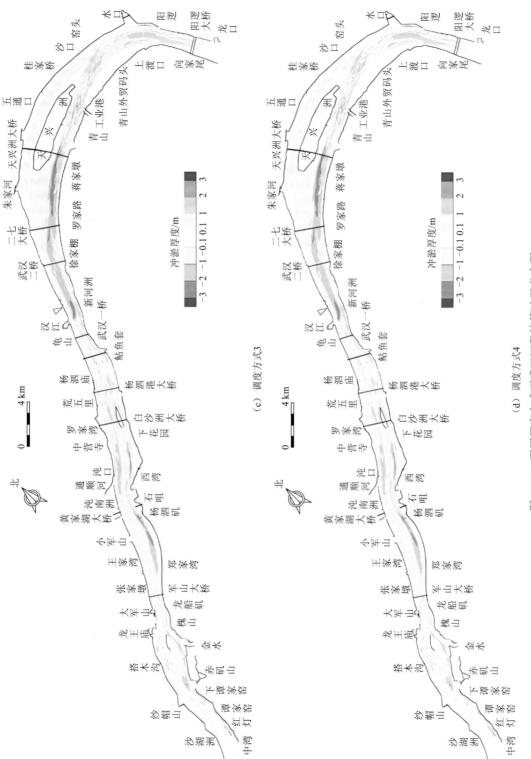

(c) 调度方式3

(d) 调度方式4

图5.50 不同调度方式下武汉河段计算冲淤分布图

（2）平滩河槽冲淤量变化。

不同调度方式下平滩河槽冲刷量变化规律与全河槽总冲刷量变化规律类似，即随着控泄流量的增加，平滩河槽冲刷量略有减小。控泄流量分别为 43 000 m³/s、45 000 m³/s、50 000 m³/s 和 55 000 m³/s 时，碾子湾至盐船套河段平滩河槽冲刷量分别为 705.7 万 m³、678.2 万 m³、609.5 万 m³ 和 584.6 万 m³，武汉河段平滩河槽冲刷量分别为 2 783.6 万 m³、2 765.2 万 m³、2 757.4 万 m³ 和 2 750.7 万 m³。

（3）平滩以上河槽冲淤量变化。

随着控泄流量的增加，洲滩淹没时间有所增加。对于碾子湾至盐船套河段，计算时段内平滩以上河槽表现为冲刷，且随着控泄流量的增加，平滩以上河槽冲刷量略有增加。当控泄流量分别为 43 000 m³/s、45 000 m³/s、50 000 m³/s 和 55 000 m³/s 时，冲刷量分别为 74.5 万 m³、81.6 万 m³、92.2 万 m³ 和 96.4 万 m³。对于武汉河段而言，计算时段内平滩以上河槽表现为淤积，且随着控泄流量的增加，平滩以上河槽淤积量略有增加，分别为 40.3 万 m³、40.6 万 m³、41.4 万 m³ 和 42.3 万 m³。

（4）有利于河槽发育的调度方式。

从计算结果可以看出，调度运行期间所拦截的洪水均在洪峰之后以不小于平滩流量的流量级下泄，尽管调度运行期间总水量基本未发生变化，但平滩流量级作用时间增加，因此各河段总冲刷量随控泄流量的减小而略有增加。同时由于水流漫滩时间减少，所以平滩以上河槽冲淤量略有减少。

由此可见，若三峡水库中小洪水调度运行期间下泄总水量不发生变化、削减的洪峰能以不小于平滩流量的方式进行下泄，一般不会造成下游河段整个河槽的萎缩。但值得注意的是，由于洪水漫滩时间减少，必将造成洲滩植被淹没时间的减少，从而对洲滩植被的生长发育产生一定的影响，滩地植被阻力有可能随之发生相应的变化。结合 5.1 节洲滩植被调查及阻力特性试验研究成果可知，若滩地植被发育增强，可能造成河段内洲滩阻力的增加，从而对所在河段的行洪能力产生不利影响。

5.3.2　长系列年水沙过程对洪水河槽塑造效果

1. 长系列水沙条件

在 5.3.1 小节研究成果的基础上，选择长系列年开展不同调度方式下长江中下游洪水河槽长期维持效果的研究。选择 1991～2000 年新水沙系列，采用长江上游梯级水库群联合调度模型，进行水库调度计算，得到三峡水库的出库水沙过程，为长江中下游数学模型研究提供边界条件。

长江上游干流及雅砻江、岷江、嘉陵江、乌江等支流上的 30 座水库主要包括：长江干流的梨园水库、阿海水库、金安桥水库、龙开口水库、鲁地拉水库、观音岩水库、乌东德水库、白鹤滩水库、溪洛渡水库、向家坝水库、三峡水库 11 座水库；雅砻江梯级锦屏一级水库、二滩水库、两河口水库 3 座水库；岷江梯级瀑布沟水库、紫坪铺水库、双江口水库 3 座水库；嘉陵江梯级宝珠寺水库、亭子口水库、草街水库 3 座水库；乌江梯级引子渡水库、洪家渡水库、东风水库、索风营水库、乌江渡水库、构皮滩水库、思林水库、沙沱水库、彭水水库、银盘水库 10 座水库。

2. 长江中下游河道冲淤趋势预测

1）冲淤预测计算条件

（1）计算范围和计算地形。

计算范围：包括长江中下游干流宜昌至大通河段、洞庭湖区及四水尾闾、鄱阳湖区及五河尾闾，以及区间汇入的主要支流清江和汉江。

计算地形：长江干流宜昌至大通河段为2016年10月实测地形，松滋河口门段及松西河采用2016年10月实测地形，太平口及藕池口口门段采用2015年12月实测地形，其他洪道及洞庭湖区采用2011年10月实测地形，鄱阳湖区采用2011年10月实测地形。

（2）计算年限。

以2017年为基准年，计算年限为40年。

（3）水沙条件。

上边界干流水沙过程为三峡水库相应方案的下泄水沙过程；河段内沿程支流、洞庭湖四水、鄱阳湖五河的入汇水沙均采用1991～2000年相应时段的实测值。计算河段下游水位控制断面为大通站。大通站水位可由该站2012～2017年的多年平均水位及流量关系控制。

2）冲淤预测成果

长江上游干支流控制性水库运行后，三峡水库出库泥沙量大幅度减少，含沙量也相应减少，出库泥沙级配变细，导致长江中下游河床发生剧烈冲刷。对于卵石或卵石夹沙河床，冲刷使河床发生粗化，并形成抗冲保护层，促使强烈冲刷向下游转移；对于沙质河床，强烈冲刷改变了断面水力特性，水深增加、流速减小、水位下降、水面比降变缓等各种因素都将抑制本河段的冲刷作用，使得强烈冲刷向下游发展。

采用经最新实测资料验证后的数学模型，选取长江上游水库拦沙后的1991～2000年水沙系列，预测了长江干流宜昌至大通河段未来40年的冲淤变化过程。数学模型计算结果表明（表5.11～表5.13和图5.51），梯级水库群联合运行40年末（2017年为基准年，下同），长江干流宜昌至大通河段悬移质累计冲刷量为46.82亿 m^3，其中宜昌至城陵矶河段冲刷量为28.48亿 m^3，城陵矶至汉口河段为13.50亿 m^3，汉口至大通河段为4.84亿 m^3。

表5.11　宜昌至大通河段总冲淤量对比表

河段	实测值/亿 m^3				预测值/亿 m^3			
	2003～2006年	2007～2011年	2012～2017年	2003～2017年	10年末	20年末	30年末	40年末
宜昌至枝城河段	-0.81	-0.56	-0.30	-1.67	-0.48	-0.56	-0.56	-0.52
枝城至藕池口河段	-1.17	-1.71	-3.38	-6.26	-6.06	-11.67	-14.43	-17.07
藕池口至城陵矶河段	-2.11	-0.72	-1.42	-4.25	-1.57	-3.74	-8.31	-10.89
城陵矶至汉口河段	-0.60	-0.33	-2.99	-3.92	-5.01	-9.90	-11.95	-13.50
汉口至湖口河段	-1.47	-0.97	-2.70	-5.14	-1.09	1.13	-0.07	-0.96
湖口至大通河段	-0.80	-0.76	-2.42	-3.98	-3.34	-5.44	-4.43	-3.88
宜昌至湖口河段	-6.16	-4.29	-10.79	-21.24	-14.21	-24.74	-35.32	-42.94
宜昌至大通河段	-6.96	-5.05	-13.21	-25.22	-17.55	-30.18	-39.75	-46.82

表 5.12　宜昌至大通河段年均冲淤量对比表

河段	实测值/（亿 m³/a）					预测值/（亿 m³/a）			
	2003～2006 年	2007～2011 年	2012～2017 年	2003～2017 年	2008～2017 年	1～10 年	11～20 年	21～30 年	31～40 年
宜昌至枝城河段	−0.20	−0.11	−0.05	−0.11	—	−0.048	−0.009	0.000	0.004
枝城至藕池口河段	−0.29	−0.34	−0.56	−0.42	—	−0.606	−0.561	−0.276	−0.265
藕池口至城陵矶河段	−0.53	−0.14	−0.24	−0.28	−0.220	−0.157	−0.217	−0.457	−0.258
城陵矶至汉口河段	−0.15	−0.07	−0.50	−0.26	−0.298	−0.501	−0.489	−0.204	−0.155
汉口至湖口河段	−0.37	−0.19	−0.45	−0.34	−0.385	−0.109	0.223	−0.120	−0.089
湖口至大通河段	−0.20	−0.15	−0.40	−0.27	—	−0.334	−0.210	0.101	0.055
宜昌至湖口河段	−1.54	−0.85	−1.80	−1.41	−1.435	−1.421	−1.053	−1.057	−0.763
宜昌至大通河段	−1.74	−1.00	−2.20	−1.68		−1.755	−1.263	−0.956	−0.708

表 5.13　宜昌至大通河段年均冲淤强度对比表

河段	实测值/[万 m³/（km·a）]				预测值/[万 m³/（km·a）]			
	2003～2006 年	2007～2011 年	2012～2017 年	2003～2017 年	1～10 年	11～20 年	21～30 年	31～40 年
宜昌至枝城河段	−33.46	−18.46	−8.19	−18.35	−7.84	−1.40	−0.01	0.68
枝城至藕池口河段	−17.01	−19.96	−32.77	−24.30	−35.29	−32.67	−16.06	−15.43
藕池口至城陵矶河段	−30.12	−8.22	−13.44	−16.15	−8.96	−12.36	−26.03	−14.72
城陵矶至汉口河段	−5.97	−2.60	−19.87	−10.40	−19.96	−19.49	−8.15	−6.19
汉口至湖口河段	−12.40	−6.56	−15.22	−11.58	−3.69	7.53	−4.07	−3.02
湖口至大通河段	−9.79	−7.46	−19.77	−13.00	−16.36	−10.30	4.95	2.71
宜昌至湖口河段	−16.14	−8.99	−18.82	−14.83	−14.88	−11.02	−11.07	−8.00
宜昌至大通河段	−15.02	−8.72	−18.99	−14.51	−15.14	−10.90	−8.25	−6.11

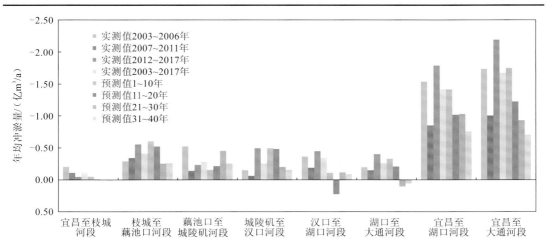

图 5.51　宜昌至大通河段年均冲淤量变化对比图

负值表示冲刷量；正值表示淤积量

由于宜昌至大通河段跨越不同地貌单元，河床组成各异，各分河段在三峡水库运行后出现不同程度的冲淤变化。

宜昌至枝城河段，河床由卵石夹沙组成，表层粒径较粗。三峡水库运行初期本段悬移质强烈冲刷基本完成，达到冲淤平衡状态。未来 40 年，该河段呈冲淤交替状态，冲淤量不大，40 年末冲刷量为 0.52 亿 m^3，如按平均河宽 1 000 m 计，宜昌至枝城河段平均冲刷深度为 0.86 m。

枝城至藕池口河段（上荆江）为弯曲型河道，弯道凹岸已实施护岸工程，河床由中细沙组成，未来 40 年，该河段仍将处于持续冲刷状态，但冲刷强度逐渐减缓，由前 10 年的 35.29 万 m^3/（km·a），逐渐减少为 31～40 年的 15.43 万 m^3/（km·a）。该河段在水库运行的 40 年末，累计冲刷量为 17.07 亿 m^3，河床平均冲刷深度为 6.65 m。

藕池口至城陵矶河段（下荆江）为蜿蜒型河道，河床沙层厚达数十米。三峡水库初期运行时，本河段冲刷强度较小；三峡水库及其上游水库联合运行后该河段河床发生剧烈冲刷，未来该河段仍保持冲刷趋势，前 30 年冲刷强度逐渐增加，由前 10 年的 8.96 万 m^3/（km·a），逐渐增加为 26.03 万 m^3/（km·a）；30 年之后冲刷强度开始减缓，约为 14.72 万 m^3/（km·a），40 年末本段冲刷量为 10.89 亿 m^3，即河床平均冲刷深度为 3.88 m；由于该河段河床多为细沙，之后该河段仍将保持冲刷趋势。

三峡水库运行初期，由于下荆江的强烈冲刷，进入城陵矶至汉口河段水流的含沙量较近坝段大。待荆江河段的强烈冲刷基本完成后，强冲刷将下移。加上长江上游干支流水库的拦沙效应，城陵矶至汉口河段冲刷强度也将增大，水库运行 40 年末，河段持续冲刷，冲刷量为 13.50 亿 m^3，河床平均冲刷深度为 2.69 m。

汉口至大通河段为分汊型河道，当其上游河段发生强烈冲刷时，大量泥沙输移至汉口至湖口河段。未来 40 年，汉口至湖口河段总体呈冲淤交替状态：前 10 年以冲刷为主；之后 20 年，河段逐渐回淤，淤积量为 1.13 亿 m^3；至 40 年，河段又逐渐转为冲刷，冲刷量约 0.96 亿 m^3。湖口至大通河段，也呈冲淤交替状态，冲淤趋势正好与汉口至湖口河段相反，20 年末河段总冲刷量为 5.44 亿 m^3，40 年末总冲刷量为 3.88 亿 m^3。

由此可见，三峡水库及其上游梯级水库蓄水运行后，长江中下游河段整体呈冲刷趋势，宜昌至城陵矶河段的冲刷量占宜昌至大通河段总冲刷量的 60%左右。

根据实测资料，宜昌至湖口河段 2003～2017 年年均冲刷量为 1.41 亿 m^3/a，其中 2003～2006 年、2007～2011 年和 2012～2017 年年均冲刷量分别为 1.54 亿 m^3/a、0.85 亿 m^3/a 和 1.80 亿 m^3/a，由此可见，由于来水来沙条件、水库运行方式等因素影响，水库运行不同时期长江中下游河段的年均冲刷量有所不同，尤其是三峡水库围堰发电期、试验性蓄水期阶段年均冲刷量较大。

宜昌至湖口河段 2008～2017 年实测年均冲刷量为 1.435 亿 m^3/a，未来 40 年各 10 年间的预测年均冲刷量分别为 1.421 亿 m^3/a、1.053 亿 m^3/a、1.057 亿 m^3/a 和 0.763 亿 m^3/a，相对 2008～2017 年冲刷强度有所减少。各分段均呈冲刷趋势，与实际冲淤性质一致，年均冲刷量接近或小于 2008～2017 年实测值。

3. 长江中下游槽蓄能力变化趋势预测

三峡水库等控制性水库运行后，宜昌至大通河段将发生不同程度的冲刷，各河段的槽蓄曲线将产生一定的变化。其主要受两方面因素的影响：一方面，当河道发生冲刷时，河槽容积增加，使得相同水位下河道的槽蓄量增加，而且冲刷位置的不同也会影响槽蓄量增加的幅度；另一方面，部分河段同流量下水位下降，也会致使槽蓄量增加值减少，因此槽蓄量的变化值并不完全等同于河道的冲刷量。

根据长江干流宜昌至大通河段水文（位）测站布设情况和河道基本特征及防洪演算工作的需要，将干流河段划分为 5 个计算河段，即宜昌至沙市河段、沙市至城陵矶河段、城陵矶至汉口河段、汉口至湖口河段、湖口至大通河段。

根据现有条件，分别在现状地形（2016 年 11 月）、冲淤预测的 40 年末（2056 年）的地形上，采用典型洪水过程进行槽蓄量计算。选取 1981 年、1983 年、1989 年、1991 年、1993 年、1996 年、1998 年 7 年的历史洪水过程作为代表年。

总体来看，不同河段不同水位情况下的槽蓄量增量变化规律不完全相同，但其槽蓄量的增加幅度均随着水位的抬高而逐渐减少。

1）宜昌至沙市河段

在本河段建立以莲花塘站水位为参数的沙市总出流量与河段槽蓄量关系。宜昌至沙市河段指宜昌站基本水尺断面至沙市（二郎矶）站基本水尺断面之间的河段。

沙市总出流量由沙市（二郎矶）站、松滋河西支新江口站、松滋河东支沙道观站、虎渡河弥陀寺（二）站 4 个水文站的同日日平均流量叠加。

将典型年汛期各日沙市总出流量与河段同日槽蓄量点绘的相关图上配上同日莲花塘站实测日平均水位，以此水位作参数，可拟定出以莲花塘站水位为参数的沙市总出流量与河段槽蓄量相关曲线簇。

三峡水库等控制性水库群联合运行初期，该河段发生强烈冲刷，尤其是枝城至沙市河段。据实测资料，2002 年 10 月～2016 年 11 月，宜昌至枝城、枝江和沙市河段的平滩河槽累计冲刷量为 5.75 亿 m^3；据数学模型预测未来 40 年（2017～2056 年），该河段仍将继续冲刷，其间累计冲刷量约为 13 亿 m^3。与此同时，该河段水位槽蓄关系曲线有所变化，不同莲花塘站水位下，河段槽蓄量增加 7.1 亿～11.5 亿 m^3。

在莲花塘站水位为 32 m（冻结吴淞，下同）、沙市总出流量（沙市流量+松滋河分流量+虎渡河分流量）为 36 000 m^3/s 的情况下，河段内槽蓄增量为 9.02 亿 m^3；莲花塘站水位为 33 m、沙市总出流量为 54 000 m^3/s 时，河段内槽蓄增量为 8.79 亿 m^3，具体情况见表 5.14 和图 5.52。

表 5.14　水库群联合运行 40 年后宜昌至沙市河段槽蓄量相对变化

莲花塘站水位 （冻结吴淞）/m	沙市总出流量 /（m^3/s）	槽蓄增量 /亿 m^3	莲花塘站水位 （冻结吴淞）/m	沙市总出流量 /（m^3/s）	槽蓄增量 /亿 m^3
28	40 000	8.54	28	20 000	8.96
29	42 000	8.64	29	22 000	8.98
30	46 000	8.25	30	26 000	9.01
31	48 000	8.16	31	31 000	9.01
32	50 000	8.07	32	36 000	9.02
33	54 000	8.79	33	38 000	9.73

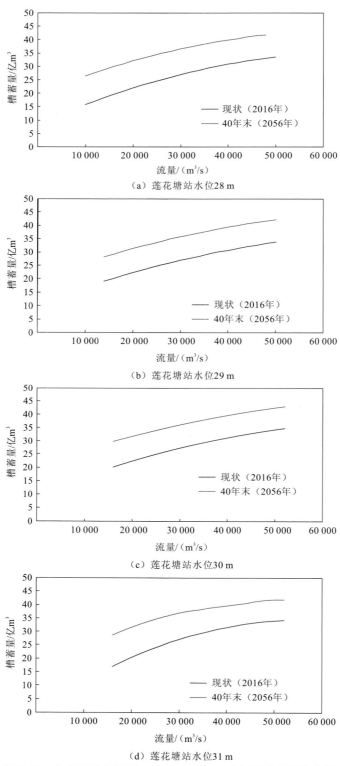

（a）莲花塘站水位28 m

（b）莲花塘站水位29 m

（c）莲花塘站水位30 m

（d）莲花塘站水位31 m

图 5.52　水库群联合运行 40 年后宜昌至沙市河段槽蓄量变化图

2）沙市至城陵矶河段

沙市至城陵矶河段指沙市（二郎矶）站基本水尺断面至洞庭湖出口城陵矶站基本水尺断面之间的河段。沙市至城陵矶河段槽蓄曲线（含洞庭湖）由干流河槽槽蓄量与洞庭湖区槽蓄量组成。以螺山站水位与同日干流河槽槽蓄量和洞庭湖区槽蓄量相加组成河段总槽蓄量，拟定出该河段（包括洞庭湖）的槽蓄曲线。

2002 年 10 月～2016 年 10 月，荆江河段（枝城至城陵矶）平滩河槽累计冲刷量为 9.38 亿 m^3，主要集中在枯水河槽；当螺山站水位为 32.0 m 时，较蓄水前槽蓄量增大 19.0%。三峡水库等控制性水库群联合运行 40 年后（2017～2056 年），沙市至城陵矶河段的冲刷强度很大，累计冲刷量为 15.52 亿 m^3，该河段水位槽蓄关系曲线变化相对也较大。总体看来，随着螺山站水位的抬高，河道内冲刷量逐渐增加，槽蓄量变化值也逐渐增加，但槽蓄量的增加幅度逐渐减小。不同螺山站水位下，河段槽蓄量增加 4.93 亿～14.93 亿 m^3，当螺山站水位为 20.0 m 时，较现状槽蓄量增大 31.2%；当螺山站水位为 32.0 m 时，较现状槽蓄量增大 26.9%，具体数据见表 5.15 和图 5.53。

表 5.15　水库群联合运行 40 年后沙市至城陵矶河段槽蓄量变化表

序号	螺山站水位（冻结吴淞）/m	槽蓄量变化值/亿 m^3	槽蓄量变化幅度/%
1	19.0	4.93	32.5
2	19.5	5.10	31.8
3	20.0	5.29	31.2
4	20.5	5.50	30.6
5	21.0	5.73	30.2
6	21.5	5.98	29.8
7	22.0	6.25	29.5
8	22.5	6.54	29.3
9	23.0	6.85	29.1
10	23.5	7.17	28.9
11	24.0	7.52	28.8
12	24.5	7.89	28.7
13	25.0	8.27	28.7
14	25.5	8.68	28.6
15	26.0	9.10	28.6
16	26.5	9.54	28.6
17	27.0	10.01	28.6
18	27.5	10.49	28.7
19	28.0	10.99	28.7
20	28.5	11.52	28.8

续表

序号	螺山站水位（冻结吴淞）/m	槽蓄量变化值/亿 m³	槽蓄量变化幅度/%
21	29.0	12.06	28.9
22	29.5	12.62	29.0
23	30.0	13.20	29.0
24	30.5	13.66	28.8
25	31.0	13.84	28.1
26	31.5	14.16	27.6
27	32.0	14.35	26.9
28	32.5	14.53	26.2
29	33.0	14.68	25.5
30	33.5	14.82	24.8
31	34.0	14.93	24.0

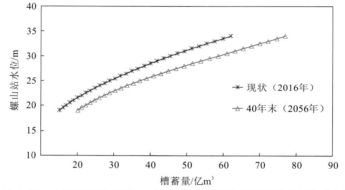

图 5.53　水库群联合运行 40 年后沙市至城陵矶河段槽蓄量变化图

3）城陵矶至汉口河段

在本河段建立汉口站水位与河段槽蓄量关系，包括从螺山站基本水尺断面至汉口（武汉关）站基本水尺断面的 209 km 河段。

点绘汉口站水位与河段同日河槽槽蓄量关系图，根据点据分布情况，建立河段槽蓄量相关线。本河段槽蓄量受涨落影响较小，点据密集，相关关系较好。

三峡水库蓄水运行以来，城陵矶至汉口河段河床有冲有淤，总体表现为冲刷，2001 年 10 月～2016 年 10 月平滩河槽累计冲刷量为 4.68 亿 m³；当汉口站水位为 27.0 m 时，较蓄水前槽蓄量增大 6.47%，槽蓄量增幅主要发生在河道深泓部分。

三峡水库与上游控制性水库群联合运行后长江中下游河段仍将继续冲刷，强烈冲刷下移，故城陵矶至汉口河段水位槽蓄关系曲线变化也较大，不同汉口站水位下，河段内槽蓄量相对增加 4.04 亿～4.90 亿 m³。

三峡水库等控制性水库群联合运行后仍将继续冲刷，未来 40 年（2017～2056 年）该河段冲刷量为 13.50 亿 m³，故城陵矶至汉口河段水位槽蓄关系曲线变化也较大。总体看来：
在中枯水位时，随着汉口站水位的抬高，河道内冲刷量增加较多，槽蓄量变化值有所增加；
之后，随着汉口站水位的升高，槽蓄量变化值逐渐减小，这也说明槽蓄量大幅增加主要发
生在冲刷量较大的枯水河槽和平滩河槽，其变化规律与河道冲淤规律基本一致。同时，槽
蓄量的增加幅度随着汉口站水位的抬高逐渐减小。40 年末，不同汉口站水位下，河段内槽
蓄量相对增加 9.52 亿～11.10 亿 m³。当汉口站水位为 15.0 m 时，较现状槽蓄量增大 33.8%；
当汉口站水位为 27.0 m 时，较现状槽蓄量增大 13.4%，具体数据见表 5.16 和图 5.54。

表 5.16　水库群联合运行 40 年后城陵矶至汉口河段槽蓄量变化表

序号	汉口站水位（冻结吴淞）/m	槽蓄量变化值/亿 m³	槽蓄量变化幅度/%
1	14.0	9.52	36.8
2	14.5	9.67	35.3
3	15.0	9.80	33.8
4	15.5	9.93	32.4
5	16.0	10.05	31.1
6	16.5	10.17	29.9
7	17.0	10.28	28.7
8	17.5	10.38	27.6
9	18.0	10.48	26.5
10	18.5	10.57	25.5
11	19.0	10.65	24.5
12	19.5	10.72	23.6
13	20.0	10.79	22.7
14	20.5	10.85	21.8
15	21.0	10.91	21.0
16	21.5	10.96	20.2
17	22.0	11.00	19.5
18	22.5	11.03	18.7
19	23.0	11.06	18.0
20	23.5	11.08	17.4
21	24.0	11.10	16.7
22	24.5	11.10	16.1
23	25.0	11.10	15.5
24	25.5	11.10	15.0
25	26.0	11.09	14.4
26	26.5	11.07	13.9

续表

序号	汉口站水位（冻结吴淞）/m	槽蓄量变化值/亿 m³	槽蓄量变化幅度/%
27	27.0	11.04	13.4
28	27.5	11.01	12.9
29	28.0	10.97	12.4
30	28.5	10.92	12.0
31	29.0	10.87	11.5
32	29.5	10.81	11.1
33	30.0	10.74	10.7

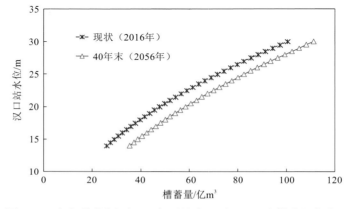

图 5.54　水库群联合运行 40 年后城陵矶至汉口河段槽蓄量变化图

4）汉口至湖口河段

在本河段建立湖口站水位与河段槽蓄量关系，包括从汉口（武汉关）站基本水尺断面至湖口（八里江）站基本水尺断面的河段。

三峡水库蓄水运行至 2016 年，随着汉口至湖口河段河床的持续冲刷，三峡水库蓄水前后在同一水位下，相应河段槽蓄量发生变化。当湖口站水位为 19.0 m 时，槽蓄量较蓄水前增大 6.77%。三峡水库等控制性水库群联合运行 40 年后，由于汉口站以上河段发生强烈冲刷，大量泥沙输移至该河段，河段发生淤积，20 年之后随着冲刷下移，前期淤积量逐渐减少，并向冲刷发展。该河段冲淤变化对本段水位槽蓄关系曲线也有一定的影响。在不同湖口站水位下，河段内槽蓄量相对增加 2.65 亿～5.95 亿 m³。当湖口站水位为 15.0 m 时，槽蓄量较现状槽蓄量增大 5.6%；当汉口站水位为 20.0 m 时，槽蓄量较现状槽蓄量增大 4.7%。

5）湖口至大通河段

三峡水库蓄水后 2003～2016 年，大通站实测水位及流量关系无趋势性变化，同一水位下相对于蓄水前后，湖口至大通河段槽蓄曲线无变化。三峡水库等控制性水库群联合运行 40 年后，湖口至大通河段累计冲刷量 3.88 亿 m³，但由于大通站水位主要由其下游的河口水位来控制，未来其水位及流量关系变化不大，所以在相同水位下，该河段的槽蓄量增加值较小，为 0.73 亿～2.85 亿 m³，增加幅度在 5%以内。

4. 优化调度方式建议

本小节研究结果表明，从不同调度方式下的河槽冲淤量来看，随着控泄流量的增加，平滩以下河槽冲刷量略有减小，平滩以上河槽冲刷量略有增加，但由于调度运行期间所拦截的洪水均在洪峰之后以不小于平滩流量的流量级下泄，调度运行期间总水量基本未发生变化，但平滩流量级作用时间增加，故各河段总冲刷量随控泄流量的减小而略有增加。长江中下游长河段的预测计算成果表明，在三峡水库调度方式采用在 2019 年修订版调度规程的基础上，考虑汛期中小洪水调度方案，且控制最大下泄流量为 45 000 m³/s 的调度方式下，长江干流宜昌至大通河段河槽仍将发生长时期、长距离的冲刷，各河段的槽蓄曲线有不同程度的增加，没有出现河槽萎缩的现象。

第 4 章中长江中下游河道造床流量研究结果表明，三峡水库蓄水后，南阳洲汊道和天兴洲汊道在造床流量以上水流过程持续 45 天或 23 天以上，即当造床流量及以上水流过程出现频率约在 10%以上时，能够保证洪水倾向的汊道发育较好。按照三峡水库蓄水后的来流条件（宜昌站按照 45 000 m³/s 控泄），同时保证满足造床流量持续时间的年份占比不小于蓄水前，则能够保证白螺矶河段的发育，对武汉河段的影响也不大。

综上所述，现有研究表明，在三峡水库现行的控制下泄流量不超过 45 000 m³/s 的调度运行方式下，长江中下游洪水河槽以冲刷为主，且有长时期发展的趋势。与此同时，已有的调度经验表明，当前调度方式能有效降低长江中下游河道堤防防洪的人工和经济成本，也能够满足初步设计对水库排沙的要求。

第6章

新水沙条件下长江中下游险工段岸坡稳定性

本章基于现场查勘与调研、资料收集与分析、模型计算及理论分析等方法，研究新水沙条件下长江中下游干流险工段岸坡稳定性变化情况。具体包括总结长江中下游河道崩岸的主要类型，分析岸坡失稳过程、长江中下游河道岸坡稳定的主要影响因素及其近年来的变化，研究三峡水库运行以来水位变动和近岸河床冲淤对长江中下游险工段岸坡稳定性的影响，预测分析新水沙条件下长江中下游典型险工段岸坡稳定变化趋势。

6.1　长江中下游河道岸坡稳定性影响因素及变化

6.1.1　坝下游河道崩岸主要类型与岸坡失稳过程

1. 崩岸主要类型

长江中下游河道的崩岸按照崩岸的形态特征主要分为以下 6 种类型：窝崩（弧形挫崩）、条崩（倒崩）、口袋形崩窝、由滑坡形成的崩窝、洗崩及因回流（"涡流"）产生的崩岸。

1）窝崩

窝崩又称为弧形挫崩，崩岸发生处岸坡上层多具有一定厚度的黏性土层，当河床深槽贴近岸边时，水流冲刷严重，河岸坡度变陡，则容易发生窝崩。崩岸发生时，滩面上首先出现弧形裂缝，然后整块土体向下滑挫，最后形成崩窝。从单个窝崩的形态上看，滑挫面均呈圆弧形，平面上窝崩直线弦长约几十米至百余米，崩进江岸的宽度大约为弦长的 1/2，如北碾子湾段崩岸图见图 6.1。

图 6.1　北碾子湾段崩岸图

2）条崩

条崩多发生在河岸上层黏性土较薄或者土质较松散的岸段。崩岸前滩面近江侧一般先出现与岸线大致平行的裂缝，当下部沙性土体被冲刷时，上部黏性土体会在重力作用下失去支撑发生塌落或倒入水中进而发生崩岸，所以条崩又称为倒崩。这类崩岸多出现在平顺河段主流线的近岸侧，崩塌体在平面上呈长条形，崩塌的宽度较窄。条崩一次崩进的宽度比窝崩小，一般仅为数米，但崩塌的频率要比窝崩大，多发生于高水位期冲刷剧烈时，它不像弧形挫崩发生后能出现暂时的稳定，后续土体继续冲刷还会有继续崩岸的可能，七姓洲段崩岸图见图 6.2。

图 6.2　七姓洲段崩岸图

3）口袋形崩窝

岸线交角较大、局部河岸受水流强烈顶冲或近岸单宽流量很大时，水流对河岸的流速梯度或动量梯度较大，强烈的竖轴回流淘刷河岸而形成崩窝，并迅速冲刷扩大，最后形成崩长和崩窝都很大而口门尺度可能较小的大崩窝，局部岸线呈口袋形，又称为 Ω 形崩窝，2021 年咸宁肖潘段崩岸图见图 6.3。

图 6.3　2021 年咸宁肖潘段崩岸图

4）由滑坡形成的崩窝

这类崩窝为局部土体失去稳定产生滑动而形成的崩窝，其形态也呈圆弧形。其主要分为深层滑动和浅层滑动，如洋溪崩窝，2008 年枝城洋溪镇崩岸图见图 6.4。

5）洗崩

洗崩是由风浪引起的岸坡崩塌，大多发生在河面开阔的河段，常见于汛期。在风力的作用下，水区表面的风浪直接破坏岸坡，吹程和水深对风浪的波高和波长起主导作用，南五洲段洗崩图见图 6.5。

图 6.4　2008 年枝城洋溪镇崩岸图

图 6.5　南五洲段洗崩图

6）因回流（"涡流"）产生的崩岸

这种崩岸主要发生于护岸矶头的上下腮（尤其是下腮），强烈的回流产生较大的冲击力，冲击岸坡形成较大的冲刷坑，使岸线冲陡淘深而产生崩岸，调关矶头段崩岸图见图 6.6。

图 6.6　调关矶头段崩岸图

2. 岸坡失稳过程

长江中下游河段除宜昌至枝城河段为山区向平原河流过渡段，沿江两岸分布有山体与硬土质岸坡外，长江中下游干流其他位置冲积性河道河岸土质条件主要为二元结构：上层为河漫滩相的黏性土；下层为河床相的粉细砂或细砂等非黏性土，其上、下层的抗冲性存在较大的差异性。

淤积固结条件下，黏性土体的起动与非黏性土体起动有明显不同。黏性土体的冲刷破坏为结构性破坏，其起动主要受颗粒之间的黏结力影响，而黏结力又与黏性土体的矿物组成、孔隙水化学性质，以及干密度、黏粒含量、含水率、凝聚力、塑性等物理特性指标存在内在联系。对于非黏性土体而言，由于泥沙颗粒的粒径较粗，其颗粒之间的黏结力很小，一般可忽略，所以非黏性土体主要是以单颗粒的形式运动的，当经过床面上方的水流逐渐增强到一定程度时，首先使沙粒产生松动，随着水流强度的进一步增强，泥沙颗粒摆脱周围沙粒的阻碍或束缚，进入运动状态，并以滚动、滑动及跳跃等方式运动。因此，黏性土体的抗冲性较强，非黏性土体的抗冲性较差。

对于二元结构河岸而言，其黏性土层与非黏性土层在河岸中的分布特征直接影响了河岸整体抗冲性及岸线崩退过程。以长江中游荆江河道为例，上、下荆江河段由于土层性质不同，崩岸过程明显不同。

枝城至藕池口之间的上荆江河段，河岸上部黏性土层较厚（8～16 m），下部沙土层较薄且顶板高程较低，黏性土层在大部分河岸均超过其下部沙土层厚度。河岸坡度总体较陡，河岸高度一般可达 10～20 m，故上荆江崩岸形式以圆弧滑动为主，崩岸发生时一般先在岸顶出现弧形裂缝，待裂缝发展到一定程度，上部土体沿弧形整体下滑，最后形成崩窝，崩岸多发生于汛期或退水期。上荆江河岸崩塌通常是坡脚受水流剧烈冲刷，河岸坡度变陡所引起的，部分河岸下部沙土层出露，坡脚处土体主要由抗冲性较差的非黏性颗粒组成，而河岸土体的黏性土层较厚，土体渗透性较弱，因此，渗流、降雨等过程可能对该河段河岸的崩塌产生较大的影响。崩塌后的土体通常会部分堆积在坡脚，起一定的掩护作用，但在近岸水流的作用下，堆积体会逐渐被分解，转换成悬沙，并由水流带往下游或者对岸。

藕池口至城陵矶之间的下荆江河段，河岸上部黏性土层的厚度较薄（通常仅 1～4 m），而下部沙土层较厚（一般超过 30 m），下部沙土层顶板一般出露在枯水位以上。下荆江河岸常见崩岸类型为"条崩"，其崩塌主要由下部沙土层的掏空及上部黏性土层的绕轴崩塌造成。因上部黏性土层滩地粗糙系数较大，滩地流速（一般不超过 0.5 m/s）远小于黏性土层的起动流速，故河岸上部黏性土层一般不易发生冲刷；下部沙土层的起动流速较小，而实测近岸流速一般可达 2.0 m/s，故极易受水流淘刷，当河道内流量增加，近岸流速逐渐增大，超过二元结构河岸下部沙土层的起动流速后，该土层将逐渐被近岸水流淘空，水位以上沙土层失去支撑发生坍落，上部黏性土层形成悬空层。随着水位升高、近岸流速变大，水流会进一步冲刷，下部沙土层继续冲失，上部黏性土悬空宽度也逐渐变大，直到达到临界值，这时上部黏性土层将失去支撑，一边下挫一边绕某一中性轴倒入江中发生崩塌。绕轴崩塌多发生在洪水期近岸冲刷剧烈时，故崩塌强度较大。但三峡水库运行后的观测资料表明，退水期（11 月、12 月）的崩岸频率也较高，主要是由于河岸长时间受水浸泡，土体容重增大，抗拉强度减弱，加之失去江水浮托力等作用而容易引发崩岸。黏性土层崩塌后将暂时堆积在坡脚处的河床上，由于水流输运土块需要一定的时间，堆积土体对覆盖的近岸河床起到了掩护作用，延迟了水流对河岸下部沙土层的进一步冲刷。近岸水流一方面使覆盖体中松散的沙性土粒受冲刷并带向下游；另一方面也使黏性土块发生分解和不断冲刷。

6.1.2　新水沙条件下典型险工段岸坡稳定性影响因素

崩岸是河床演变过程中水流对近岸河床和岸坡冲刷侵蚀发生、发展和积累的突发事件，同时受内因与外因的共同影响。内因主要包括河岸土体组成及分布、河弯形态、岸坡高度及坡度等；外因主要包括河道的水流动力条件、河道水位变化、纵向水流的冲刷作用及人为因素等（Xia et al.，2014；张幸农 等，2009；余文畴和卢金友，2008）。

对岸坡稳定性影响因素的研究目前较一致的观点认为，崩岸为河道岸坡失稳破坏的一种形式，其形成主要取决于岸坡地质条件和水流冲刷作用。自然因素下崩岸最常见的两种形式：一是水流淘刷坡脚，致使河床下切，增加滩槽高差；二是河岸侧向侵蚀增加河宽并使岸坡变陡（吕庆标 等，2021；邓珊珊 等，2015；Osman and Thorne，1988）。这两种形式表明了水流的直接冲刷作用和土体重力作用在河岸崩坍过程中产生的影响（Grissinger，1982）。河岸在地下水渗流作用下引起土体强度降低造成的河岸坍塌也是众多学者关注的崩岸成因之一，吴玉华等（1997）、金腊华等（1998）均指出堤基内形成的流向江内的地下水渗流是造成1996年江西省彭泽县马湖堤特大崩岸的重要原因。吴钰（2018）提出水位回落岸坡土体饱和孔隙水压力来不及消散是汛后退水期崩岸多发的原因。基于渗流作用对岸坡土体特性的影响，研究者在 Osman 和 Thorne（1988）的研究基础上，进一步增加了土体孔隙水重量和静水压力对河岸稳定性的影响分析。此外，河道采砂（卢金友 等，2017；王永，1999）、波浪的动水压力（陈祖煜和孙玉生，2000）、河岸上部突加荷载（金腊华 等，2001）、降雨形成地表径流造成的严重面蚀甚至沟蚀（余文畴和卢金友，2008）等均可能诱发崩岸。在气候变化和人类活动的共同影响下，河流系统正在发生深刻的变化，影响崩岸的水沙运动、河道边界及人类活动影响因素也相应地发生了改变。

1. 水沙条件变化

20世纪90年代以来，长江上游径流量变化不大，受水利工程拦沙、降雨时空分布变化、水土保持、河道采砂等因素的综合影响，输沙量明显减少。特别是 2003 年以来，长江上游入库泥沙量持续减少，且长江上游大部分来沙被拦截在三峡水库及其上游的水库内，致使长江中下游河道的输沙量大幅度减少。

水沙条件变化对崩岸的影响具体体现在以下几个方面。

1）长江中下游河道河床冲刷

长江中下游冲积性河道是水流与河床相互作用的产物，挟沙水流的动力作用使近岸河床和岸坡范围内的泥沙发生起动、输移。三峡水库运行前，长江中下游各河段的输沙率和流量之间基本上建立了与其河道形态和河床演变相均衡、相适应的关系。三峡水库运行后，长江中下游河道水沙输移的相对平衡被打破，河道水流的挟沙能力长期处于欠饱和状态，过剩的水流能量具有从河道和岸坡起动、推移、扬动并向长江下游输移相对更多泥沙的动力，造成长江中下游河道冲刷。

据统计，三峡水库运行后宜昌至湖口河段在 2002 年 10 月～2018 年 10 月总冲刷量为 24.06 亿 m³，且91%的冲刷量集中在枯水河槽，沿程平均冲刷深度为 1～3 m，局部最大冲刷深度超过 20 m。在迎流顶冲或深泓贴岸的河段，近岸河床冲刷下切加剧，河岸滩槽高差增加，岸坡变陡，加大了因岸坡稳定性降低而诱发崩岸的可能性。

以石首北碾子湾段、监利铺子湾段为例说明河床冲淤对崩岸的影响。

（1）北碾子湾段位于沙滩子自然裁弯险工段左岸（图 6.7），沙滩子段于 1972 年汛期发生自然裁弯后，汛后及时进行了河势控制工程，岸线得到了初步控制。从典型断面（图 6.8）变化来看，1998 年特大洪水后，1999～2004 年荆 104 断面 30 m 高程岸线崩退约 260 m，荆 106 断面 30 m 高程岸线崩退约 105 m。三峡水库蓄水运行以来，受上游石首河段弯道顶冲点大幅度下移的影响，北碾子湾下段近岸深槽冲刷，荆 106 断面在 2004 年 10 月～2018 年 10 月，近岸深槽累计冲刷深度约为 6.3 m，岸坡明显变陡，岸线有所崩退，水流形成局部回流，在环流作用下，形成大的口袋形崩窝（图 6.9）。

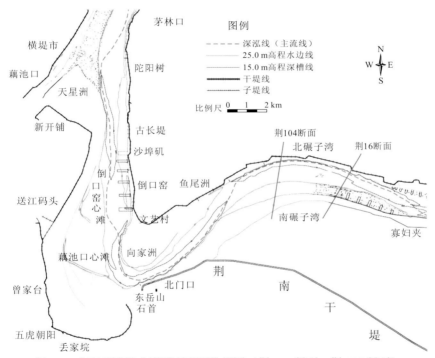

图 6.7　北碾子湾段典型断面平面位置图（荆 104 断面、荆 106 断面）

图中所示为 2018 年 10 月地形图，黄海高程基面，单位 m

（2）铺子湾段位于监利河弯乌龟洲汇流段左岸（图 6.10），从典型断面（图 6.11）变化来看，1998 年特大洪水后，下荆江河道演变使得监利河弯乌龟洲平面形态变化较大，铺子湾顶冲点上提，受水流冲刷影响，原相对较稳定的铺子湾太和岭处崩岸呈发展趋势，近岸河床冲刷严重。2003 年以来，河床冲刷加剧，2004 年 10 月～2006 年 10 月，近岸深槽累计冲刷深度约为 4.3 m，同时深槽位置向左岸偏移 128.6 m，且岸坡坡度较陡，崩岸险情常有发生。2006 年铺子湾桩号 16＋220～16＋800 段突发崩岸险情，崩长为 580 m，最大崩宽为 130 m，坎高为 8 m，距堤脚最近处距离约为 30 m（图 6.12）。

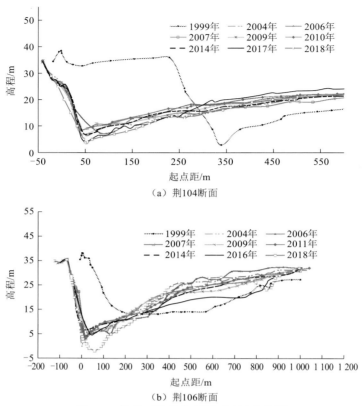

（a）荆104断面

（b）荆106断面

图 6.8 北碾子湾段典型断面冲淤变化图

（a）2007年6月

（b）2018年10月

图 6.9 北碾子湾段崩岸图

综上所述，新水沙条件下，不管是对河岸的直接冲刷，或是对近岸河床的冲刷，特别是对坡脚的淘刷，都是引起崩岸的最重要因素。

2）局部河势调整

为适应新的水沙条件，长江中下游河道发生响应性调整，局部河势变化较大。局部河势调整引起的河道平面形态变化，改变了局部河道河弯曲率，使得水流顶冲点上移下提、主流贴岸位置发生改变，易造成抗冲性较差且未获得有效或足够保护的河岸出现冲刷崩退。

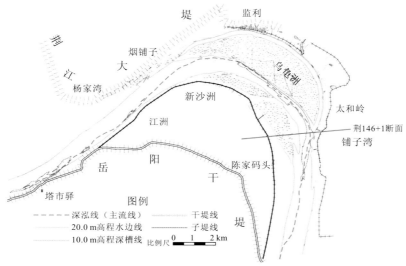

图 6.10　铺子湾段典型断面位置图（荆 146＋1 断面）

图中所示为 2018 年 10 月地形图，黄海高程基面，单位 m

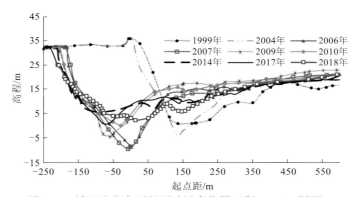

图 6.11　铺子湾段典型断面冲淤变化图（荆 146＋1 断面）

图 6.12　2006 年铺子湾段崩岸图

　　本书以石首弯道段、调关弯道段及监利河弯乌龟洲汊道段为例说明局部河势调整对崩岸的影响。

（1）石首弯道段位于长江中游下荆江之首，由顺直段、分汊段和急弯段组成，河段进口附近右岸有藕池口分流入洞庭湖。自 1994 年 6 月 11 日石首河弯撇弯后，该段主流线发生了很大变化，崩岸部位也随之发生变化。鱼尾洲尾部 1995~1996 年短时局部有崩塌，1996 年后，整个鱼尾洲岸线尤其是下尾部淤积趋势极其明显。右岸北门口，撇弯以来随顶冲点的下移，崩塌范围也不断向下游发展。1998 年后，该岸段人工护岸加固的实施使得岸线相对稳定。2002 年以来，石首河段不同位置的主流变化具有不同特点，新厂至茅林口河段主流贴左岸下行，陀阳树至古丈堤河段主流呈两次过渡，首先陀阳树深泓从左岸过渡到右岸天星洲滩体左侧，下行一定距离后又在古丈堤附近过渡到左岸一侧，不同年份，过渡段的顶冲点出现上提下移，具体表现为：2004~2011 年过渡到天星洲左缘的顶冲点逐年上提，累计上提约 3 km；2011~2013 年，顶冲点下移约 800 m。古丈堤至向家洲河段主流位于左侧下行，但因左汊较宽与冲淤变化较大，主流在左汊也存在一定的摆幅；2004~2008 年，过渡段顶冲点基本稳定在沙埠矶附近，2010 年开始，深泓从天星洲左缘直接顶冲向家洲右缘，相比 2004 年深泓顶冲点下移近 3.4 km；2013 年 11 月，过渡段深泓略有上提，但仍顶冲向家洲左缘。深泓沿向家洲左岸下行至北门口。2008 年以来，随着北门口下段岸线的崩塌后退，石首弯道进口段主流线大幅度向左岸摆动，至 2016 年，左岸向家洲岸线上段近岸河床成为主流冲刷区域，向家洲上段近岸河床冲刷，岸线大幅度崩退（图 6.13~图 6.15）。

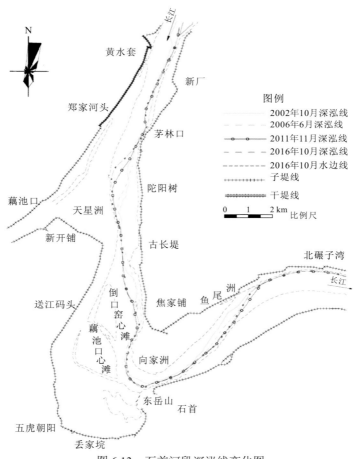

图 6.13　石首河段深泓线变化图

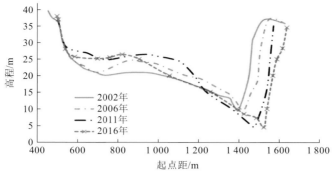

图 6.14　天星洲典型断面（1#断面）变化图

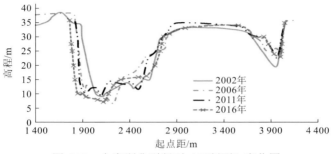

图 6.15　向家洲典型断面（2#断面）变化图

（2）调关弯道段的调关矶头地处长江右岸调关弯道顶点，水深流急，堤岸合一，地势险要，是下荆江著名的险工段。该段既为急弯，又为卡口，深泓紧贴凹岸下行，曾于 1974 年、1989 年、1991 年、1993 年汛期发生诸如堤身崩塌、堤腰冲蚀、平台下挫、裂缝及枯水平台冲刷坑等重大险情。三峡水库蓄水运行以来，2005 年、2007 年、2009 年汛后调关矶头多次出现平台冲蚀和裂缝险情。此后随着调关凸岸上部边滩被冲刷切割，弯道进口断面主流平面位置左移，调关矶头冲刷坑大幅度淤积缩小变浅，中、下段近岸河床冲刷。2013 年 11 月和 2017 年 1 月现场查勘均在调关下段发现干砌石护岸段坡面下挫和枯水平台出现崩岸吊坎等现象（图 6.16、图 6.17）。

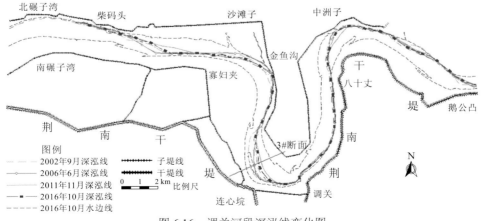

图 6.16　调关河段深泓线变化图

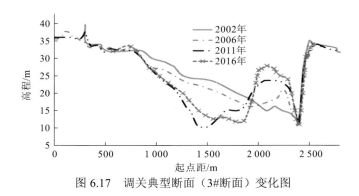

图 6.17　调关典型断面（3#断面）变化图

（3）监利河弯乌龟洲汊道段的演变经历了 1960～1979 年主支汊摇摆不定，1982～1989 年主汊稳定在左汊，1990～1995 年主汊由左汊逐渐向右汊过渡，1996～2006 年主汊稳定在右汊。当主流在左汊运行时，左近岸河床受到冲刷，监利矶头段为险工段，当主流在右汊运行时，乌龟洲右边缘不断崩退，铺子湾一带受迎流顶冲作用而发生崩岸。三峡水库蓄水后，监利河段的铺子湾、天字一号、天星阁、洪水港、盐船套、七号岭等段主泓线向近岸内靠或顶冲点上提下挫，发生不同的崩岸险情。2011 年以来随着窑监河段航道整治工程的实施，乌龟洲洲头及右缘形态基本保持稳定，乌龟洲右缘尾部附近主流略有右摆（图 6.18～图 6.20）。

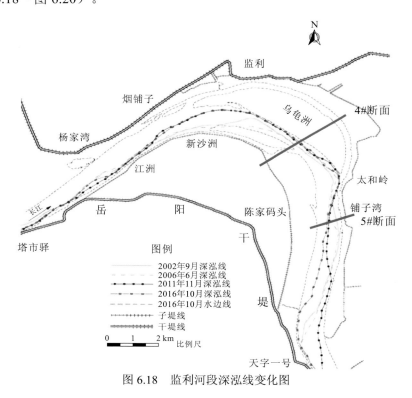

图 6.18　监利河段深泓线变化图

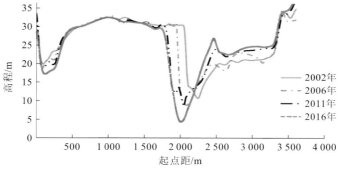

图 6.19　乌龟洲典型断面（4#断面）变化图

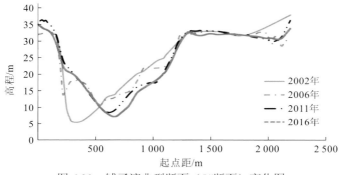

图 6.20　铺子湾典型断面（5#断面）变化图

　　由此可见，长江中下游河道水沙条件变异导致局部河势发生调整，主流顶冲点上提下挫，是导致河道岸坡稳定性降低而引发崩岸的重要外部因素。

3）水位骤降

　　2.2.1 小节分析表明，2003 年以来，受长江上游梯级水库调度影响，长江中下游年最大水位变幅较蓄水前有所增大，尤其在近坝段。宜昌站年最大降幅较蓄水前增大达 90%，最大涨幅较蓄水前增大达 40%。

　　以 2010 年荆江河道崩岸发生时间及对应的水文过程为例，探讨长江中下游河道水位突变对岸坡稳定性的影响。表 6.1 给出了荆江河段 2010 年崩岸情况，从表 6.1 中可见，2010 年荆江河段崩岸总长度为 13.1 km，其中上荆江崩岸总长度为 8.6 km，下荆江崩岸总长度为 4.5 km。从时间分布上看：①崩岸主要发生在 6～10 月，崩岸长度为8.8 km，占崩岸总长度的 67.2%，其中又以 8 月崩岸最多，崩岸长度为 4.9 km，占崩岸总长度的 37.4%，全部位于上荆江，其次是 9～10 月，崩岸长度为 3.4 km（其中 9 月1.4 km，10 月崩岸 2.0 km），占崩岸总长度的 26.0%；②发生在 3 月的崩岸长度为2.3 km，位于上荆江耀新民堤未护岸段；③发生在 12 月的崩岸长度为 2.0 km，位于下荆江中洲子未护段。

表 6.1　荆江河段 2010 年崩岸情况表

河段	序号	行政辖区	地名	岸别	当时岸况	桩号范围	长度/m	发生时间
上荆江	1	枝江市	郝家凹	右	已护	6+780～4+790	1 990	2010 年 8 月
	2	枝江市	解放	右	已护	1+800～0+030	1 770	2010 年 8 月
	3	枝江市	双红滩	右	已护	67+000～66+150	850	2010 年 8 月
	4	枝江市	新口	左	未护	23+200～23+400	200	2010 年 8 月
	5	荆州市	学堂洲	左	已护	5+520～5+400	120	2010 年 8 月
	6	荆州市	耀新民垸	左	未护	08+300～06+000	2 300	2010 年 3 月
	7	公安县	腊林州	右	未护	695+500～696+400	900	2010 年 10 月
	8	公安县	黄水套	右	已护	619+900～620+250	350	2010 年 6 月
	9	公安县	南五洲	右	未护	28+420～28+570	150	2010 年 6 月
下荆江	1	石首市	合作垸	左	未护	11+190～11+250	60	2010 年 7 月
	2	石首市	中洲子	左	未护	5+580～5+950	370	2010 年 12 月
	3	石首市	中洲子	左	未护	6+720～8+300	1 580	2010 年 12 月
	4	岳阳市	洪水港	右	未护	9+500～9+700	200	2010 年 9～12 月
	5	岳阳市	张家墩	右	已护	62+300～63+400	1 100	2010 年 10 月
	6	岳阳市	张家墩	右	未护	61+750～62+300	550	2010 年 9 月
	7	岳阳市	张家墩	右	未护	63+400～64+000	600	2010 年 9 月

　　图 6.21 和图 6.22 分别给出了上荆江沙市站和下荆江监利站 2010 年水位及流量过程。

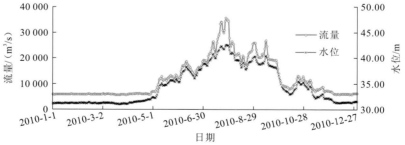

图 6.21　上荆江沙市站 2010 年水位及流量变化图

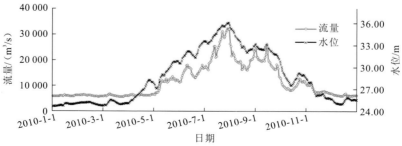

图 6.22　下荆江监利站 2010 年水位及流量变化图

根据统计，沙市站 2010 年径流量为 3 819 亿 m³，洪峰流量为 35 600 m³/s（时间为 2010 年 7 月 27 日），由图 6.21 及图 6.22 可知，2010 年汛期流量大且持续时间长，汛期水流对河床的冲刷作用较强，相应地崩岸也较强烈。

2010 年 9 月 10 日，三峡水库开始试验性蓄水（坝前水位为 160.2 m），10 月 26 日 9 时，三峡水库首次蓄水至 175 m，沙市站在此期间水位下降迅速，最大降幅为 7.46 m（水位由 9 月 13 日 40.46 m 下降至 10 月 12 日 33.00 m），水位最大单日下降速度为 0.97 m/d（水位由 9 月 14 日 40.04 m 下降至 9 月 15 日 39.07 m），水位最大七日下降速度为 3.77 m/7d（水位由 9 月 26 日 37.96 m 下降至 10 月 3 日 34.19 m），水位降幅较大。9～10 月崩岸也较多，可见水位下降速度快也是影响崩岸的一个重要因素。

除此之外，对荆江部分重大崩岸险情发生时段对应的水位及流量过程变化分析（表 6.2）表明，2008 年 10 月洋溪、2016 年 11 月青安二圣洲、2019 年 9 月北门口等崩岸均发生在快速退水期，可见崩岸发生的时间与水位及流量的变幅可能有一定关系。

表 6.2　荆江典型崩岸对应水位及流量变化

崩岸位置	崩岸巡查时间	预估发生时间段	对应时段水位变化	对应时段流量变化	备注
洋溪	2008 年 10 月	9 月 29 日～10 月 7 日	降 2.3 m	减小 7 300 m³/s	
青安二圣洲	2016 年 11 月	11 月 13 日～11 月 26 日	降 3.9 m	减小 7 350 m³/s	水位快速下降
北门口	2017 年 9 月	8 月 18 日～8 月 30 日	降 2.8 m	减小 4 200 m³/s	

汛后退水期河道水位骤降过程中河岸稳定性降低，一般认为有两个方面原因：一方面，河道高水位时水体对岸坡侧向压力较大，随着水位下降，水体侧向压力减小；另一方面，河道水位逐渐下降，岸坡内部水体外渗，存在渗透压力，均不利于岸坡稳定。

2. 河道边界条件变化

影响崩岸的河道边界条件主要为岸坡地质条件及护岸工程。其中，岸坡地质条件主要包括岸坡土体物质组成及其结构，这直接关系泥沙起动的难易程度及其输移方式。长江中下游冲积平原河道天然河岸组成多呈二元结构，其中：上部黏性土层颗粒之间的黏结力在泥沙起动中起主导作用，发生冲刷时其结构性破坏，多以成片或成团的形式运动，其起动流速较高，抗冲性较好；下部沙质河岸泥沙起动主要与泥沙的粒径有关，长江中下游下部河岸多为较易起动的中细沙，其抗冲性较差。二元结构河岸崩塌通常是由于下部泥沙被水流冲刷带走，上部河岸失去支撑而发生。

2003 年以来，长江中下游河道崩岸范围除蓄水初期和受大水年影响时有所增加外，并没有随着河道的持续冲刷而逐年扩大，而是表现为崩岸强度总体趋缓的态势，其中一个最重要的有利因素就是护岸工程的实施增强了对河道边界的防护，同时增强了河岸抗冲能力，有效抑制了河岸冲刷后退。

以荆江为例，根据现场调查，2019 年荆江河道存在不同程度崩岸现象的河段累计总长度约为 29.0 km，其中已护岸段崩岸长度为 3.5 km，仅占荆江崩岸范围总长度的 12.0%，自然岸坡崩岸长度为 25.5 km，占荆江崩岸范围总长度的 88.0%（图 6.23）。可见，荆江河

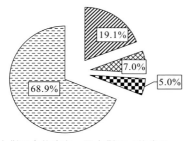

图6.23　2019年度荆江崩岸范围分布图

图例：
▨ 上荆江自然岸段　　▧ 上荆江已护岸段
▬ 下荆江已护岸段　　▦ 下荆江自然岸段

道岸坡失稳主要发生在未护岸段，护岸工程对增强荆江河道岸坡的稳定性起到了重要的作用。

综上所述，长江中下游二元结构河岸抗冲性差是长江中下游河道崩岸最基本的内在因素，而护岸工程是长江中下游河道持续冲刷背景下维护河道岸坡稳定的最直接因素。

3. 人类活动因素变化

近年来，人类活动对长江中下游河道岸坡稳定性的影响，主要表现在如下五个方面。

（1）河道（航道）整治工程，通常采用丁坝、潜坝、锁坝、矶头、护滩带等形式来稳定河势或航槽，在取得治理效果的同时，也使得主流归槽，枯水河槽冲刷，若深槽贴岸，则将可能对河岸的稳定性产生不利影响。

如2013年开展的荆江航道整治工程，在熊家洲右边滩建设护滩带4道，并对护滩带根部所在岸段长度为1 870 m的高滩进行守护，同时对左岸一带长度为1 984 m高滩岸线进行守护（图6.24）。根据河段内荆175断面工程前后变化情况来看，工程实施后，右岸边滩有所淤积，左岸近岸深槽则有所冲刷，2014年相较于工程前的2011年冲刷深度为3.9 m，2017年较2014年进一步冲刷0.9 m（图6.25）。由此可见，护滩带实施后增加了左岸近岸河床冲刷带来的岸坡失稳风险，但由于提前进行了岸线守护，目前岸线总体稳定。

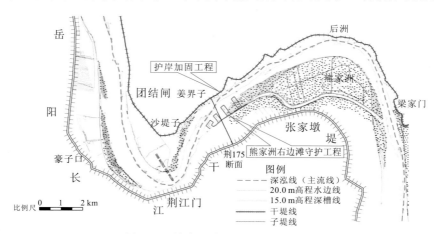

图6.24　熊家洲边滩护岸工程位置图

图中所示为2018年10月地形图，黄海高程基面，单位m

此外，若河道（航道）整治工程布局或采用的结构形式不当，控导主流逼近或顶冲一侧或下游河岸，也有可能造成局部近岸河床冲刷而引发崩岸。

（2）随着流域内水土保持工程的实施和干支流控制性水利枢纽工程的建设运行，长江中下游河道含沙量大幅减少，河道冲刷加剧，可能不利于河道岸坡稳定。

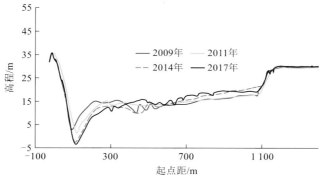

图 6.25　典型断面（荆 175 断面）变化图

（3）局部河道修建桥梁、墩台、码头等凸出的涉水建筑物，若布置不当，可能引起局部岸坡强烈冲刷，导致崩岸的发生。室内试验和天然实测资料表明，凸出建筑物对近岸水流结构影响较大。由于凸出原有岸线，对水流具有阻碍和离解作用，建筑物实施后将产生回流、螺旋流等次生流，在这些次生流作用下，建筑物前沿及上下游产生局部冲刷坑，影响未护岸段稳定，以及建筑物自身的稳定和安全。

（4）不当的近岸河床采砂是诱发或加速崩岸发生的不可忽视的因素之一。如受水流冲刷及采砂活动等综合影响，2011 年 11 月～2016 年 11 月，长江松滋口口门区域河床平均下降了 8.96 m，导致口门左岸部分未护岸段岸线崩退严重。

（5）江滩附加荷载，包括岸滩附近临时仓库堆积货物，以及临时采集的江砂、临时堆放的弃土等荷载，加之岸边、岸上打桩震动，也容易引发滑坡崩岸，如 2007 年芜湖江东船厂在码头桩基础施工过程中诱发崩岸，最大崩宽 40～50 m。

4. 上、下荆江崩岸影响因素的差异性

上、下荆江受河道平面形态、河岸组成不同等的影响，在崩岸特点及影响因素上表现出一定的差异性。

上荆江河段为典型微弯分汊河型，2003 年以来上荆江的河道演变主要以床面冲刷下切为主，河道平面变形不大，但微弯分汊段主流摆动频繁，局部河势不断调整，从而导致崩岸发生，如公安河弯突起洲分汊河段曾由于进口段主泓线左移，贴近荆江大堤文村夹一侧，导致文村夹河段于 2002 年 3 月和 2005 年 1 月发生了较为严重的崩岸。

6.2　新水沙条件下典型险工段岸坡稳定性影响因素及变化

如 6.1.2 小节所述，影响河道岸坡稳定性的影响因素主要有：河岸地质条件、水沙条件变化、局部河势冲淤调整、人类活动等。由于河岸地质条件较长时间内不会发生明显变化，水工建筑物、河势控制工程、护岸工程、河道疏浚工程的实施需要结合具体实施方案、河势形态及地质条件进行具体分析，所以本节主要探讨水沙条件变化及局部河势调整情况下岸坡稳定性的变化。

本节将从三个方面分析水沙条件变化对岸坡稳定性的影响：①三峡水库蓄水前后长江中下游水位变动对岸坡稳定性的影响，水位降速为在统计年最大降速平均值的基础上取整，通过分别将蓄水前后长江中下游不同水位降速作为水位变动条件进行岸坡稳定计算，分析水位变化对岸坡稳定性的影响；②局部河势调整对河道岸坡稳定性的影响，采用2002～2017年典型年实测地形断面作为计算断面，计算比较蓄水前后河岸发生冲淤调整情况下的岸坡稳定性系数，分析河床发生冲淤变化时岸坡稳定性的变化规律；③三峡水库蓄水前后典型险工段岸坡稳定性的变化，采用2002～2017年典型年实测地形断面作为计算断面，分别采用不同时期水位最大降速，计算分析在河床发生冲淤变化及水位降速发生变动的共同作用下，典型险工段岸坡的稳定性。

6.2.1　蓄水前后水位变化对岸坡稳定性的影响

受季节性降雨及长江上游梯级水库调度运行影响，长江中下游河道水位常处于周期性波动之中，水位变动导致的岸坡内外的水位差及岸坡内孔隙水压力场的不断变化是引发岸坡失稳的重要因素之一。尤其在汛后落水期，水位骤降使得岸坡内的水来不及排出，坡内土体处于饱和状态，土体容重增加，在渗流的作用下，造成岸坡下滑力增大，继而失稳发生滑坡现象，因此，水位快速下降是岸坡稳定的不利因素之一。2.2.1小节对荆江河段典型站点蓄水前后水位变幅情况进行了统计，本小节在此基础上分析典型险工段蓄水前后水位快速下降这一不利条件对岸坡稳定性的影响。

1. 典型断面选择

上、下荆江河道平面形态、河岸组成等均不同，在崩岸特点上也存在一定的差异性。综合考虑河段地质条件、河势调整、历史上崩岸险情发生情况等因素，选择上荆江沙市河段、公安河段，下荆江调关河段、天字一号河段4个典型险工段为典型河段。进一步考虑岸坡坡度、深泓贴岸、近岸冲刷及地质条件等因素，选取沙市河段759+010断面、公安河段654+020断面、调关河段522+320断面及天字一号河段27+190断面为典型断面（图6.26），计算分析水位快速下降对岸坡稳定性的影响。

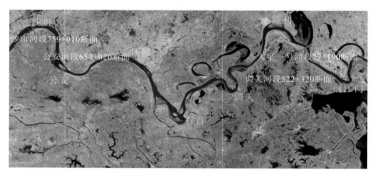

图 6.26　典型断面位置示意图

各典型险工段及典型断面具体情况如下。

1）沙市河段

沙市河段上起杨家垴，下止观音寺，由浣市河弯、沙市河弯和两反向河弯间的长直过渡段组成。沙市河段河床组成以细砂为主，少数中砂，分布极少量砾、卵石和砂、土，为砂夹少量砾、卵石河床。三峡水库蓄水运行后，沙市河段河床总体呈现冲刷态势，以枯水主河槽冲刷为主，边滩也有所冲刷。汊道主流摆动较大，滩槽关系和洲滩发生变化的部位较多，河势处于强烈调整过程中。

多年来，该河段局部岸坡崩岸险情时有发生。1990 年前崩岸范围较广，主要分布在弯道凹岸及顺直过渡段的贴流段，如学堂洲段、柳林洲段、西流湾段。1998 年以来本河段内河势调整，未护岸段近岸河床出现较大幅度冲刷，岸线逐年崩退，险情不断：沙市城区柳林洲段、学堂洲段 2001～2005 年多次发生岸线崩退及护坡塌方；腊林洲边滩 2002～2014 年岸线多次发生较大幅度崩退。近年来随着护岸工程的大量实施，该河段岸线较为稳定。

沙市河段 759+010 断面位于长江左岸沙市城区学堂洲段，该段主槽贴岸，地质条件较差，受三八滩分流的影响，江水对岸坡侧蚀作用强烈，岸坡较陡，近年来河道总体呈下切趋势，水下岸坡后退 20～30 m，对岸坡稳定构成隐患。根据地质勘查资料，断面所在河段岸坡为双层结构（II），上部为素填土和粉质壤土，厚 10～15 m，局部夹砂壤土薄层；下部为粉细砂，厚 10～11 m，分布较稳定，河床部位为粉细砂，抗冲刷能力差，为较容易出现崩岸的断面。

2）公安河段

公安河段位于上荆江，上起观音寺，下止冲和观矶，为微弯分汊型河段。突起洲将河道分为左、右两汊，右汊多年来为主汊，河道演变主要表现为进口过渡段主流的上提下移及突起洲的冲淤交替变化。三峡水库蓄水运行以来，该段深泓线多年来总体较为稳定，仅局部岸段深泓线有所摆动，主要在马家咀过渡段的上段及突起洲汇流段窑头铺附近一带。目前主泓稳定在右汊，左汊进口段淤积大片边滩。该段河岸组成为土—砂—砾三层结构，由砂壤土和粉质黏土组成，因而抗冲能力较差，可动性大；河床由冲积层组成，根据以往的研究成果，河底上层为黏土与砂壤土，中层为中、细砂层，最下层为卵石层。

1998 年以来，河段内河势调整导致未护岸段近岸河床出现较大幅度冲刷，岸线逐年崩退，险情不断：马家咀边滩 1998～2002 年部分未护岸段崩退较严重；突起洲左汊进口文村夹岸线未护段在 2005 年 3 月发生长约 400 m 的崩岸险情；雷洲边滩 2008 年以来近岸河床严重冲刷、岸线崩塌严重；突起洲洲体下段右缘和耀新民堤地段、雷洲边滩在 2011～2013 年近岸河床冲刷、岸线崩塌。2009～2016 年相关岸段已陆续实施护岸工程，大部分崩岸段得到治理，目前，除耀新民堤未护岸段崩岸仍时有发生外，其余岸段岸线基本稳定。

公安河段 654+020 断面位于凹岸，受突起洲分流后深泓贴岸影响，江水的侧蚀作用强烈，近岸分布深槽，对岸坡稳定构成隐患，2000 年前后所属河段曾出现过崩岸和边坡下挫。地质勘查资料表明：该断面所属河段岸坡为多层结构（III2）类，表层为人工填筑素填土，层厚约 6.0 m；上部为砂壤土，层厚约 2.8 m；中部为粉质黏土和粉质壤土，层厚约 10 m；下部为砂壤土及粉细砂，钻孔揭露厚约 20 m，其中夹层为厚约 1.9 m 的粉质壤土薄层，岸坡及河床抗冲刷能力差。

3）调关河段

调关河段位于下荆江的上段，上接石首河弯，下连监利河弯，为沙滩子裁弯段和中洲子裁弯段的中间，由金鱼沟、连心垸、中洲子三个反向河弯组成，为典型的蜿蜒型河段。

金鱼沟至连心垸段，自 1972 年沙滩子自然裁弯至 2002 年受主流调整变化影响顶冲点下移，河势急剧调整，金鱼沟边滩岸线大幅度崩坍，金鱼沟河弯及下游连心垸形成急弯段。2001 年后河段岸线得到初步控制，至 2005 年受弯道顶冲点上提影响，弯道上段近岸河床冲刷，局部位置出现了崩岸险情。2006 年以来，金鱼沟近岸河床冲刷严重，局部地段出现崩塌现象，连心垸段近岸河床年际冲淤交替变化。

中洲子弯道段自 1967 年中洲子人工裁弯以来，1967～1998 年，河势变化剧烈，新河冲刷发展，岸线崩退，老河故道淤积，中洲子新河段顶冲点下移，原守护薄弱的下段尾部工程岸线崩退。1998 年以后实施的护岸工程基本遏制了河势的剧烈变化，2006 年以来，调关中下段、中洲子下段近岸河床冲刷调整较剧烈，导致调关下段、中洲子下段、中洲子河弯的凸岸边滩局部地段护岸工程出现滑挫、崩塌或切滩现象。2013～2014 年枯水期一系列护岸护滩工程相继实施后，该段河势较为稳定。

调关弯道险工段自 1972 年上游沙滩子自然裁弯后，因调关矶头处急弯卡口，水深流急，河势不顺，水流强烈冲刷，河势发生剧烈调整，局部险情依然频发，该段进行过多次抢险和加固，原水下抛石工程水毁较严重，已形成了较明显的岸坡稳定隐患。调关河弯段岸坡土体为双层结构（II1）类，上部为粉质壤土、粉质黏土，坡顶不连续分布少量新近沉积的粉细砂，粉质壤土层中局部夹砂壤土；下部为砂壤土、粉细砂等。

调关河段 522+320 断面位于调关八十丈凹岸，该段地处著名的调关矶头下游，河道由凹岸向凸岸过渡，河段近岸水流流态紊乱，深泓贴岸，冲刷作用强，河床深槽发育，岸坡稳定性较差，近几年来该段冲刷幅度较大，枯水平台出现滑塌和局部位置冲毁的现象，水上护坡也出现了不同程度的崩塌和水毁破损现象，每年汛后都会发现不同程度的险情。岸坡上缓下陡，水下地形坡度达 25°～40°，该段 1998 年、1999 年、2002 年、2003 年、2006 年、2008 年均发生过崩岸。地质勘查资料表明，该断面所属河段土体上部为粉质壤土、粉质黏土，厚 15.0～26.1 m，层底高程为 8.40～18.80 m，坡顶不连续分布少量新近沉积的粉细砂，厚度小于 2 m，粉质壤土层中局部夹砂壤土；下部为砂壤土、粉细砂等，厚度大于 20 m，岸坡土体抗冲刷能力较差。

4）天字一号河段

天字一号河段上起铺子湾，下止洪水港，位于乌龟洲下游，为上车湾裁弯后的新河段。该段位于乌龟洲下游，受乌龟洲出流及新沙洲冲刷变化影响较大。三峡水库蓄水运行以来，乌龟洲洲头冲刷后退、右缘大幅度崩塌、右汊道主流线向左岸摆动。2008 年 11 月乌龟洲右汊出现多股主流并存现象，其中一股主流撇弯切滩（新沙洲边滩），使新沙洲近岸河床出现一定程度冲刷。2008 年 12 月～2009 年 1 月，新沙洲护岸段先后出现了 7 处不同程度的崩塌险情，2011 年乌龟洲右缘大幅度崩塌使得其下游铺子湾段顶冲点大幅上提，天字一号河段和洪水港微弯河段中枯水期弯道顶冲点也出现一定幅度上提，新沙洲边滩的冲刷拉槽使其上游江洲至西山段近岸河床贴流冲刷，使得其下游天字一号河段和洪水港微弯河段汛期弯道顶冲点下移，导致天字一号河段下段未护岸段岸线多处发生崩岸。

天字一号险工段为长江监利河段右岸，河宽较窄，深泓线和深槽紧贴靠岸。1998 年 8 月~2006 年 5 月，天字一号河段桩号 26+420~24+370 段坡脚附近近岸河床冲刷，2011 年该段又发生崩岸，2013 年天字一号河段桩号 27+150~27+950 段近岸河床冲刷、岸线崩塌较为严重。2016 年汛后至 2017 年汛前，该险工段附近 20 m 岸线最大崩退约为 5 m，近岸深槽最大冲刷深度约为 3.7 m，水下岸坡变陡，岸线存在进一步崩塌发展的风险。

天字一号河段桩号 27+190 断面位于上车湾裁弯段的对岸凹岸，水上岸坡坡度一般为 30°~40°，水下岸坡坡度一般为 12°~18°。地质勘查资料表明，岸坡主要为壤土，抗冲刷能力较弱，岸坡地质结构为双层结构（Ⅱ）类，上部为粉质黏土、粉质壤土，厚 4.5~7 m；下部为粉细砂、砂壤土，厚度大于 20 m，地质评价为岸坡稳定性差的 D 类岸坡。

结合工程区土层室内试验与工程类比，给出各典型断面所在岸段岸坡土体材料的物理力学参数见表 6.3，其中岸坡土体基本接近饱和，将容重试验结果视为饱和容重，抗剪强度取有效抗剪强度参数。

表 6.3　各段岸坡土体材料的物理力学参数

典型断面	岩性	饱和重度 /（kN/m³）	渗透系数 /（cm/s）	抗剪强度	
				内摩擦角 φ'/（°）	凝聚力 c'/kPa
沙市河段 759+010 断面	粉质黏土	18.6	3.44×10^{-6}	14.5	16
	粉质壤土	19.1	9.5×10^{-5}	24	16
	粉细砂	17.8	1.66×10^{-3}	24.5	0
公安河段 654+020 断面	粉质黏土	19.5	1.47×10^{-5}	12	17.5
	粉质壤土	19.3	1.68×10^{-4}	16.5	12
	砂壤土	19.5	2.05×10^{-4}	29	9
	粉细砂	19.8	1.35×10^{-3}	23	0
	砂砾石	21.5	1.2×10^{-1}	40	0
调关河段 522+320 断面	粉质黏土	19.3	5×10^{-5}	15	16
	粉质壤土	19.5	5×10^{-4}	22	10
	砂壤土	20	1.09×10^{-3}	15	17.9
	粉细砂	20.8	8.5×10^{-4}	28	2
天字一号河段 27+190 断面	粉质黏土	18.4	1.6×10^{-6}	16.5	16
	粉质壤土	19.1	4×10^{-5}	19	13
	砂壤土	19.1	7.2×10^{-4}	20	5
	粉细砂	20	2.6×10^{-3}	25	2

2. 计算工况

表 6.4 统计分析了荆江河段典型水文（位）测站年最大水位降幅发生的时间，由表 6.4 可知，发生年最大水位降幅的时间主要集中在汛期及汛后落水期，尤其是汛期。7 月荆江

河段为汛期较易出现较大短时水位降幅，10 月荆江河段为汛后落水期且短时水位降幅较大，因此，分别以 7 月、10 月为汛期、汛后落水期的典型月。通过岸坡稳定计算分析蓄水前后水位变动对岸坡稳定性的不利影响。

表 6.4　典型水文（位）测站最大水位降幅发生的时间统计表（宜昌站和枝城站）

年份	宜昌站		枝城站	
	最大 1 日水位降幅时间	最大 3 日水位降幅时间	最大 1 日水位降幅时间	最大 3 日水位降幅时间
2003	7 月 24 日	7 月 22 日	7 月 24 日	6 月 13 日
2004	5 月 7 日	9 月 11 日	5 月 8 日	9 月 8 日
2005	9 月 4 日	7 月 12 日	7 月 15 日	7 月 11 日
2006	5 月 8 日	9 月 12 日	9 月 11 日	5 月 12 日
2007	6 月 24 日	6 月 23 日	6 月 24 日	6 月 20 日
2008	10 月 18 日	7 月 5 日	10 月 18 日	11 月 6 日
2009	1 月 1 日	7 月 1 日	7 月 4 日	7 月 2 日
2010	7 月 31 日	7 月 29 日	7 月 31 日	9 月 13 日
2011	8 月 13 日	9 月 25 日	8 月 21 日	9 月 21 日
2012	7 月 14 日	8 月 22 日	7 月 14 日	7 月 3 日
2013	6 月 14 日	6 月 12 日	6 月 14 日	7 月 4 日
2014	9 月 22 日	9 月 21 日	9 月 23 日	10 月 31 日
2015	6 月 3 日	9 月 24 日	6 月 3 日	6 月 10 日
2016	6 月 6 日	7 月 6 日	6 月 6 日	6 月 27 日
2017	7 月 2 日	7 月 1 日	7 月 2 日	7 月 9 日

按汛期、汛后落水期两个时期设置组次 1 及组次 2，蓄水前后典型断面水位降幅为在统计年最大降幅平均值的基础上取整（表 6.4 和表 6.5）；在 2.2.1 小节荆江河段各典型站年最大水位变幅统计分析基础上，考虑到极限情况，蓄水前后典型断面起降水位分别为蓄水前后附近典型水文（位）测站月平均水位插值所得（表 6.6）。

表 6.5　典型水文（位）测站最大水位降幅发生的时间统计表（沙市站和城陵矶站）

年份	沙市站		城陵矶站	
	最大 1 日水位降幅时间	最大 3 日水位降幅时间	最大 1 日水位降幅时间	最大 3 日水位降幅时间
2003	6 月 2 日	6 月 13 日	6 月 6 日	6 月 29 日
2004	5 月 8 日	9 月 8 日	7 月 28 日	9 月 10 日
2005	7 月 15 日	7 月 23 日	10 月 9 日	2 月 18 日
2006	4 月 18 日	5 月 12 日	11 月 3 日	4 月 15 日
2007	6 月 24 日	6 月 20 日	9 月 28 日	4 月 27 日
2008	10 月 19 日	11 月 6 日	10 月 22 日	11 月 8 日

续表

年份	沙市站		城陵矶站	
	最大 1 日水位降幅时间	最大 3 日水位降幅时间	最大 1 日水位降幅时间	最大 3 日水位降幅时间
2009	8 月 23 日	7 月 2 日	10 月 3 日	7 月 3 日
2010	9 月 15 日	6 月 5 日	11 月 8 日	12 月 17 日
2011	8 月 21 日	9 月 21 日	8 月 29 日	9 月 23 日
2012	8 月 23 日	7 月 3 日	10 月 3 日	3 月 7 日
2013	8 月 18 日	6 月 26 日	10 月 13 日	4 月 15 日
2014	9 月 23 日	10 月 30 日	11 月 19 日	11 月 1 日
2015	11 月 8 日	6 月 10 日	8 月 7 日	11 月 15 日
2016	6 月 6 日	11 月 4 日	9 月 3 日	7 月 6 日
2017	7 月 3 日	7 月 10 日	7 月 8 日	7 月 2 日

表 6.6　起降水位统计表　　　　　　　　　（单位：m）

典型断面	组次 1（汛期）	组次 2（落水期）
沙市河段 759+010 断面	39.29	34.94
公安河段 654+020 断面	38.23	33.84
调关河段 522+320 断面	34.48	29.98
天字一号河段 27+190 断面	32.48	27.78

2.2.1 小节对荆江河段各典型站年最大水位变幅进行了统计分析，考虑到极限情况，水位降幅在统计年最大降幅平均值的基础上取整，具体结果见表 6.7。

表 6.7　蓄水前后水位降幅统计表

工况	降幅	时长/d
蓄水前	1.2 m/d	1
	2 m/2d	2
	3 m/3d	3
蓄水后	2 m/d	1
	3.5 m/2d	2
	4 m/3d	3

3. 蓄水前后水位变动对岸坡稳定性影响分析

分汛期及汛后落水期两组，对各典型险工段典型断面进行岸坡稳定性计算，分析水位骤降较不利工况下水位变动对典型险工段断面岸坡稳定性的影响，部分典型断面岸坡稳定性计算模型见图 6.27，计算结果见表 6.8。

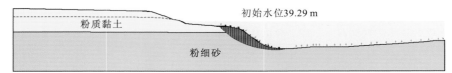

（a）沙市河段759+010断面蓄水后（4 m/3d，下降3 d）滑裂面

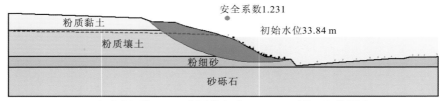

（b）公安河段654+020断面蓄水后（4 m/3d，下降3 d）滑裂面

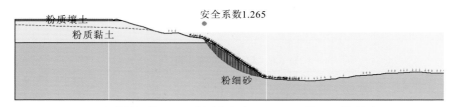

（c）调关河段522+320断面蓄水后（4 m/3d，下降3 d）滑裂面

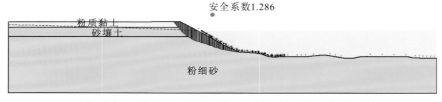

（d）天字一号河段27+190断面蓄水后（4 m/3d，下降3 d）滑裂面

图 6.27　典型断面岸坡稳定性计算模型

表 6.8　水位变动对长江中下游河道岸坡稳定性影响统计表

典型断面	组次	时段	降幅	时长/d	安全系数
沙市河段 759+010 断面	组次 1（汛期）	蓄水前	1.2 m/d	1	1.321
			2 m/2d	2	1.318
			3 m/3d	3	1.309
		蓄水后	2 m/d	1	1.319
			3.5 m/2d	2	1.311
			4 m/3d	3	1.306
	组次 2（汛后落水期）	蓄水前	1.2 m/d	1	1.316
			2 m/2d	2	1.312
			3 m/3d	3	1.305

典型断面	组次	时段	降幅	时长/d	安全系数
沙市河段 759+010 断面	组次 2（汛后落水期）	蓄水后	2 m/d	1	1.309
			3.5 m/2d	2d	1.301
			4 m/3d	3	1.295
公安河段 654+020 断面	组次 1（汛期）	蓄水前	1.2 m/d	1	1.442
			2 m/2d	2d	1.382
			3 m/3d	3	1.311
		蓄水后	2 m/d	1	1.350
			3.5 m/2d	2	1.267
			4 m/3d	3	1.210
	组次 2（汛后落水期）	蓄水前	1.2 m/d	1	1.433
			2 m/2d	2	1.387
			3 m/3d	3	1.326
		蓄水后	2 m/d	1	1.366
			3.5 m/2d	2	1.302
			4 m/3d	3	1.231
调关河段 522+320 断面	组次 1（汛期）	蓄水前	1.2 m/d	1	1.463
			2 m/2d	2	1.431
			3 m/3d	3	1.354
		蓄水后	2 m/d	1	1.385
			3.5 m/2d	2	1.312
			4 m/3d	3	1.284
	组次 2（汛后落水期）	蓄水前	1.2 m/d	1	1.455
			2 m/2d	2	1.428
			3 m/3d	3	1.347
		蓄水后	2 m/d	1	1.376
			3.5 m/2d	2	1.301
			4 m/3d	3	1.265
天字一号河段 27+190 断面	组次 1（汛期）	蓄水前	1.2 m/d	1	1.326
			2 m/2d	2	1.322
			3 m/3d	3	1.311

典型断面	组次	时段	降幅	时长/d	安全系数
天字一号河段 27＋190 断面	组次 1（汛期）	蓄水后	2 m/d	1	1.313
			3.5 m/2d	2	1.289
			4 m/3d	3	1.236
	组次 2（汛后落水期）	蓄水前	1.2 m/d	1	1.315
			2 m/2d	2	1.307
			3 m/3d	3	1.301
		蓄水后	2 m/d	1	1.302
			3.5 m/2d	2	1.292
			4 m/3d	3	1.286

（1）受年水位最大降幅增大影响，三峡水库蓄水后水位下降不利条件下典型断面岸坡稳定性较蓄水前有所减弱，但总体上仍能满足稳定性要求，如调关河段 522＋320 断面汛期（组次 1）水位下降 1 日、2 日、3 日后岸坡稳定性系数由蓄水前的 1.463、1.431、1.354 分别降至蓄水后的 1.385、1.312、1.284，但岸坡仍能保持稳定。

（2）对于同一断面，水位维持长时间降落状态对岸坡稳定较为不利，如公安河段 654＋020 断面汛后落水期（组次 2）蓄水前水位以 1.2 m/d（日平均降幅为 1.2 m/d）降幅下降 1 日安全系数为 1.433，以 3 m/3d 降幅下降 3 日（日平均降幅为 1.0 m/d）安全系数为 1.326；蓄水后水位以 2 m/d（日平均降幅为 2 m/d）降幅下降 1 日安全系数为 1.366，以 4 m/3d 降幅下降 3 日（日平均降幅为 1.33 m/d）安全系数为 1.231。

（3）水位下降条件下岸坡最不利滑裂面出现的位置多为枯水位以下或水位变动区域，形态为下部较陡的断面最不利滑裂面多发生在枯水位以下，如沙市河段 759＋010 断面；其他形态断面岸坡滑裂面较易发生在水位变动区域，如公安河段 654＋020 断面，此类崩岸发生位置的岸坡对水位下降的响应更为强烈。

（4）需要说明的是，长江中下游各站年最大水位降幅多发生于汛期或蓄水期，部分水位快速降落情况为水库群汛期防洪联合调度或汛后水库蓄水等各因素综合影响的结果。如 2017 年宜昌站年最大水位降幅（3 日）为 5.88 m（7 月 1～4 日），与之对应的是 2017 年 7 月 1 日 8 时，长江中游莲花塘站水位达到 32.52 m，超警戒水位 0.02 m，"长江 2017 年第 1 号洪水"形成，为了保障人民生命财产安全，据防汛调度安排，7 月 1 日 14 时开始溪洛渡、向家坝梯级水库及三峡水库拦蓄洪水，至 10 日 8 时梯级水库总拦蓄洪量达 91.6 亿 m³。

6.2.2　河床冲淤对河道岸坡稳定性的影响

三峡水库蓄水后长江中下游河道以冲刷为主，河势持续调整，深泓贴岸、深槽发展、近岸冲刷、冲刷坑发展及高滩淤积等都是影响岸坡稳定的不利因素，在这些因素的影响下岸坡坡比增大，稳定性降低；反之，深泓远离、岸坡淤积、深槽消失都是影响岸坡稳定的有利因素，在这些因素的影响下岸坡坡比减小，稳定性增大。本小节选择典型险工段的典型断面分析近岸河床冲淤对岸坡稳定性的影响。

1. 典型断面选择

选择荆江河段近期冲淤变化较大且历史上发生崩岸险情较多的 7 段典型险工段：西流湾段、观音寺段、郝穴段、北门口段、北碾子湾段、调关段、铺子湾段为典型岸段。每段选择一处典型断面进行岸坡稳定性计算，具体为：西流湾段 687＋600 断面、观音寺段 743＋900 断面、郝穴段 709＋600 断面、北门口段 S6＋800 断面、北碾子湾段 4＋600 断面、调关段 526＋300 断面及铺子湾段 13＋200 断面。典型断面前沿冲淤情况见表 6.9，断面分布见图 6.28，所选断面除郝穴段 709＋600 断面及铺子湾段 13＋200 断面外，其他断面近岸均以冲刷为主。

表 6.9　典型断面要素表

序号	地段	断面桩号	岸别	近十年水下坡脚前沿冲淤/m
1	西流湾	687＋600	右岸	-0.34
2	观音寺	743＋900	左岸	-1.76
3	郝穴	709＋600	左岸	3.33
4	北门口	S6＋800	右岸	-6.15
5	北碾子湾	4＋600	左岸	-1.96
6	调关	526＋300	右岸	-4.06
7	铺子湾	13＋200	左岸	5.36

注：冲淤情况统计时间截至 2017 年。

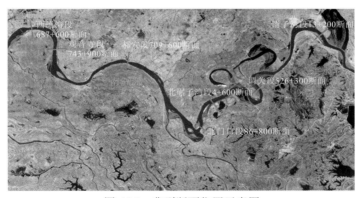

图 6.28　典型断面位置示意图

各险工段及典型断面冲淤变化情况如下。

（1）西流湾段位于沙市河弯三八滩汊道右汊右岸，为长江右岸凸岸段，近岸河床冲淤变化主要表现为汛期冲刷、汛后中枯水期回淤的冲淤交替变化特点。岸坡主要由抗冲刷能力较强的黏性土和抗冲刷能力较差的砂性土组成，上部主要为粉质壤土、粉质黏土，下部为粉细砂及砂砾石等。

　　西流湾段 687＋600 断面的演变过程如图 6.29 所示：2002～2007 年河床淤积，河岸下部坡比减小，上部坡比增大；2007～2010 年河床继续淤积；2010～2013 年河床下冲上淤，以冲刷为主，水下坡比持续减小；2013～2017 年河床与河岸均有所淤积，岸坡坡比增大。

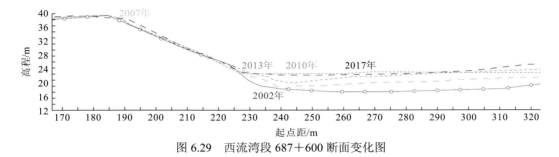

图 6.29　西流湾段 687＋600 断面变化图

　　地质勘查资料表明，断面所在河段岸坡自上而下依次为 5.2 m 厚人工填土、4.5 m 厚粉质黏土、7.5 m 厚粉质壤土，下部均为粉细砂。

　　（2）观音寺段位于沙市河弯弯道段左岸，堤外边滩狭窄甚至无滩，迎流顶冲，25 m 高程以下岸坡冲淤变幅较大，并累计表现为冲刷，近岸深槽发育。岸坡主要由黏性土组成，下部为砂性土。

　　观音寺段 743＋900 断面 2002～2007 年发生显著冲刷；2007～2010 年，河岸淤积，河床冲刷，岸坡坡比增大；2010～2013 年河床以淤积为主，2013～2017 年河床冲刷，河岸略有淤积（图 6.30）。

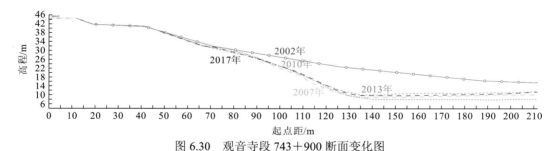

图 6.30　观音寺段 743＋900 断面变化图

　　根据地质勘查资料，断面所在河段岸坡自上而下依次为 2 m 厚素填土、13.4 m 厚粉质黏土、4.6 m 厚粉土夹粉质黏土、2.5 m 厚粉质黏土、3.6 m 厚细砂，下部均为卵石。

　　（3）郝穴段位于长江左岸荆州市郝穴镇，地处弯道凹岸，常年受水流冲刷，近岸河床冲淤变化主要表现为汛期冲刷、汛后中枯水期回淤的冲淤交替变化特点。该段岸坡土体抗冲刷能力较差，且该段位于长江迎流顶冲段，近岸河床一般分布着冲刷深槽，冲刷作用强。

　　郝穴段 709＋600 断面 2002～2007 年深泓左移，河岸上淤下冲，岸坡坡比增大；2007～2010 年河岸继续冲刷，河床出现淤积；2010～2013 年河岸大幅淤积，河岸淤积厚度基本一致，河岸上部偏大，岸坡坡比增大；2013～2017 年河岸冲刷，河床淤积（图 6.31）。

　　根据地质勘查资料，断面所在河段岸坡自上而下依次为 2.6 m 厚人工填土、18.2 m 厚粉质黏土、14.4 m 厚粉细砂，下部均为砂砾卵石。

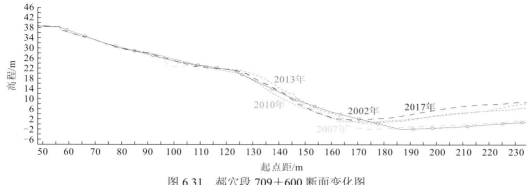

图 6.31　郝穴段 709+600 断面变化图

（4）北门口段为右岸顶冲段，江水冲刷作用强烈，深泓逼岸，岸坡崩塌，后退剧烈。近岸河床呈冲淤交替变化，以冲刷下切为主，近岸河床冲淤变化与当年水情关系密切相关，丰水年份近岸河床冲刷幅度较大。该段岸坡及河床以砂性土为主，抗冲刷能力差。

北门口段 S6+800 断面 2002~2007 年整个断面发生明显冲刷；2007~2010 年断面下部淤积明显；2010~2013 年在 10 m 高程以下发生淤积，边坡上部轻微冲刷；2013~2017 年10 m 高程以上发生淤积，10 m 高程以下发生冲刷（图 6.32）。

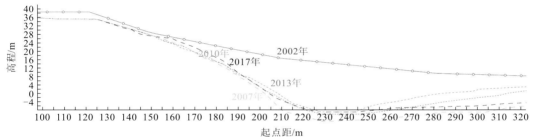

图 6.32　北门口段 S6+800 断面变化图

根据地质勘查资料，断面所在河段岸坡自上而下依次为 2 m 厚粉质黏土、6.6 m 厚粉质壤土，下部均为粉细砂。

（5）北碾子湾段位于微弯河段上段左岸，近岸河床呈冲淤交替变化，以冲刷下切为主，近岸河床冲淤变化与当年水情关系密切相关，丰水年份近岸河床冲刷幅度较大，该段岸坡上部黏性土抗冲刷能力较差，下部砂性土抗冲刷能力差，岸线较顺直，主要受江水侧蚀，近岸河床分布冲刷深槽。

北碾子湾段 4+600 断面 2002~2007 年断面发生明显冲刷，岸坡变陡；2007~2010 年河床淤积，河岸局部冲刷；2010~2013 年河床发生冲刷，断面少量淤积；2013~2017 年断面变化不大，发生少量的河岸冲刷与河床淤积（图 6.33）。

根据地质勘查资料，断面所在河段岸坡自上而下依次为粉质黏土、粉细砂。

（6）调关段位于调关弯道凹岸，该段是长江历史上著名的险情多发地段，近岸河床呈冲淤交替变化，以冲刷为主。所取断面位于调关段的中下段，岸坡由凹岸向凸岸过渡，近岸水流流态紊乱，且深泓贴岸，冲刷作用强，河床深槽发育，岸坡土体抗冲刷能力差或较差，岸坡稳定性较差。

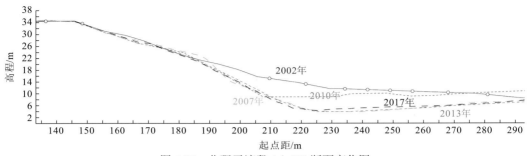

图 6.33　北碾子湾段 4+600 断面变化图

调关段 526+300 断面 2002~2007 年河床与河岸发生冲刷；2007~2010 年河床底部发生明显冲刷；2010~2013 年，河床底部发生淤积，河岸其他部位冲淤不明显；2013~2017 年，断面上部与下部发生局部冲刷（图 6.34）。

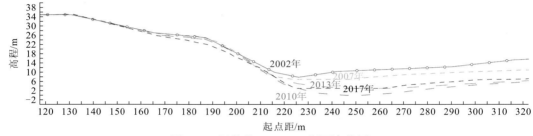

图 6.34　调关段 526+300 断面变化图

根据地质勘查资料，断面所在河段岸坡自上而下依次为 2.2 m 厚人工填土、5.4 m 厚粉质壤土、8.7 m 厚粉质黏土，下部均为粉细砂。

（7）铺子湾段位于监利河弯凹岸的下段左岸，主泓贴岸，侧蚀作用较强，2002~2011 年以淤积为主，2011~2016 年以冲刷为主，水下近岸坡脚冲刷，近岸河床深槽较发育。岸坡主要由抗冲刷能力较强的黏性土和抗冲刷能力差的砂性土组成，岸坡稳定性较差。

铺子湾段 13+200 断面 2002~2010 年河岸与河床均发生淤积；2010~2013 年河床发生少量淤积；2013~2017 年河床发生少量冲刷（图 6.35）。

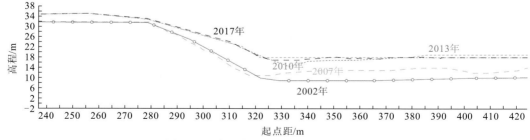

图 6.35　铺子湾段 13+200 断面变化图

根据地质勘查资料，断面所在河段岸坡自上而下依次为 6 m 厚粉质壤土、9 m 厚砂壤土，下部均为粉细砂。

根据地质勘查资料，结合工程区土层室内试验与工程类比，给出各典型断面岸坡土体材料的物理力学参数见表 6.10。其中岸坡土体基本接近饱和，将容重试验结果视为饱和容重，抗剪强度取有效抗剪强度参数。

表 6.10　各典型断面岸坡土体材料的物理力学参数

典型断面	岩性	饱和重度/（kN/m³）	渗透系数/（cm/s）	抗剪强度	
				内摩擦角 φ'/（°）	凝聚力 c'/kPa
西流湾段 687+600 断面	黏土、粉质黏土	19.04	1.6×10^{-5}	12～14	23～32
	粉质壤土	19.19	3.9×10^{-5}	13～15	15～26
	砂壤土	20.08	1.0×10^{-4}	22～25	5.2
	粉细砂	17.09	1.0×10^{-3}	24～28	3.6
观音寺段 743+900 断面	粉质黏土	18.50	1.47×10^{-5}	16	13
	素填土	18.30	7×10^{-6}	15	10
	粉土夹粉质黏土	18.70	2.63×10^{-5}	19.8	11
	细砂	19.00	8.5×10^{-4}	28	5
郝穴段 709+600 断面	人工填土	19.12	7×10^{-6}	28	9
	粉质黏土	18.32	1.47×10^{-5}	16.1	18.7
	砂壤土	19.49	—	25	9
	粉质壤土	19.18	—	22.1	18.3
	粉细砂	19.12	1.35×10^{-3}	28	9
北门口段 S6+800 断面	粉质黏土	17.48	1.47×10^{-5}	23	15
	粉质壤土	19.21	1.68×10^{-4}	22	18
	粉细砂	19.96	1.35×10^{-3}	31	5
北碾子湾段 4+600 断面	粉质黏土	18.25	1.47×10^{-5}	22	23
	壤土	20.12	—	28	17
	粉质壤土	18.72	1.68×10^{-4}	22	17
	粉细砂	19.78	1.35×10^{-3}	31	7
调关段 526+300 断面	粉质黏土	18.53	$2.35\times10^{-6}\sim4.81\times10^{-6}$	16	18
	粉质壤土	18.67	$2.93\times10^{-5}\sim5.53\times10^{-5}$	20	16
	粉细砂	20.27	9.00×10^{-4}	31	18
铺子湾段 13+200 断面	粉质壤土	19.10	$6.34\times10^{-5}\sim7.89\times10^{-5}$	24.2	18.2
	粉细砂	19.30	5.78×10^{-3}	30.1	3
	粉质黏土	19.10	$2.35\times10^{-6}\sim4.81\times10^{-6}$	18.7	22.4
	淤泥质粉质黏土	18.42	$1.04\times10^{-6}\sim1.34\times10^{-6}$	12.1	16.2
	粉质壤土	19.34	$2.93\times10^{-5}\sim5.53\times10^{-5}$	20.6	18.9
	砂壤土	19.59	$6.32\times10^{-5}\sim9.61\times10^{-5}$	27.2	5.2
	粉细砂	19.59	9.00×10^{-4}	30.2	3.6

2. 计算工况

选择 2002 年、2007 年、2010 年、2013 年、2017 年为典型年份，采用典型年实测断面地形为边界条件，分析近岸河床冲淤对岸坡的影响。根据 6.2.1 小节的分析，崩岸多发生在汛期及汛后落水期，汛后落水期（10 月）在相同水位降幅下岸坡稳定性较汛期（7 月）稍小，因此，选择 10 月为典型月，通过插值得到典型断面起降水位见表 6.11，分析仅近岸河床发生冲淤条件下岸坡稳定性变化情况。

表 6.11　断面水位统计表　　　　　　　　　　　（单位：m）

典型断面	起降水位
西流湾段 687+600 断面	34.94
观音寺段 743+900 断面	34.28
郝穴段 709+600 断面	32.76
北门口段 S6+800 断面	30.94
北碾子湾段 4+600 断面	30.56
调关段 526+300 断面	29.98
铺子湾段 13+200 断面	28.53

3. 河床冲淤对河道岸坡稳定性影响分析

以不同年份河岸的实际地形，计算各典型断面在典型年的岸坡稳定性系数，采用圆弧搜索的方式计算最不利滑动位置与安全系数，计算结果见表 6.12。

表 6.12　近岸冲淤对长江中下游河道岸坡稳定性影响统计表

典型断面	年份	断面坡比变化	稳定系数
西流湾段 687+600 断面	2002	—	1.342
	2007	减小	1.398
	2010	减小	1.412
	2013	增大	1.315
	2017	减小	1.356
观音寺段 743+900 断面	2002	—	1.894
	2007	增大	1.265
	2010	减小	1.384
	2013	减小	1.416
	2017	减小	1.495

续表

典型断面	年份	断面坡比变化	稳定系数
郝穴段 709＋600 断面	2002	—	1.895
	2007	增大	1.782
	2010	减小	1.834
	2013	增大	1.821
	2017	减小	1.861
北门口段 S6＋800 断面	2002	—	2.669
	2007	增大	1.351
	2010	减小	1.364
	2013	减小	1.381
	2017	增大	1.265
北碾子湾段 4＋600 断面	2002	—	2.832
	2007	增大	1.720
	2010	减小	1.745
	2013	增大	1.716
	2017	增大	1.714
调关段 526＋300 断面	2002	—	2.256
	2007	增大	2.214
	2010	增大	2.044
	2013	增大	2.022
	2017	减小	2.225
铺子湾段 13＋200 断面	2002	—	1.613
	2007	增大	1.523
	2010	减小	2.234
	2013	减小	2.332
	2017	增大	1.972

（1）三峡水库蓄水后各典型断面有冲有淤，但总体表现为冲刷，如北门口段、北碾子湾段、观音寺段、郝穴段、调关段。受河道冲刷影响，蓄水后典型断面所在岸段的岸坡稳定性较蓄水前总体减小，如北门口段 S6＋800 断面稳定系数由 2002 年的 2.669 降至 2017 年的 1.265、北碾子湾段 4＋600 断面稳定系数由 2002 年的 2.832 降至 2017 年的 1.714。

（2）在水位不变情况下，近岸河床的深槽冲淤、冲刷坑发展或消亡等变化主要通过改变河岸几何形态来影响岸坡稳定性，岸坡稳定性随着岸坡坡比的改变而变化：岸坡坡比增大，稳定性降低；岸坡坡比减小，稳定性增大。如郝穴段 709＋600 断面 2002～2007 年深泓左移，河岸上淤下冲，岸坡坡比增大，岸坡稳定系数由 2002 年的 1.895 降至 2007 年的 1.782；2007～2010 年河岸冲刷，河床淤积，岸坡稳定系数由 2007 年的 1.782 增至 2010 年的 1.834；2010～2013 年河岸大幅淤积，河岸淤积厚度基本一致，河岸上部偏大，岸坡坡比增大，岸坡稳定系数由 2010 年的 1.834 降至 2013 年的 1.821；2013～2017 年河岸冲刷，岸坡稍变缓，岸坡稳定系数由 2013 年的 1.821 增至 2017 年的 1.861。

6.2.3　水位变动及河床冲淤共同作用下岸坡稳定性变化

　　三峡水库等上游梯级水库运行以来，长江中下游河势调整，导致近岸河床发生冲淤变化，受水库调度影响，长江中下游水位涨落速度也发生了改变，针对固定岸坡，近岸河床冲淤及水沙条件变化是影响岸坡稳定性的两大因素。本小节选北门口段 S6＋800 断面及调关段 526＋300 断面为典型险工段断面，以所在河段地质条件及水库蓄水前后断面地形为河床边界条件，采用不同水位涨落速度进行岸坡稳定性计算，分析典型岸坡在近岸河床冲淤变化及水位涨落速度变化共同作用下岸坡稳定性的变化。

1. 计算工况

　　根据 6.2.1 小节的分析，对同一断面，长时间水位降落较短时间水位降落对岸坡稳定性更不利，因此，考虑最不利情况，以断面附近石首站典型年份对应时段的年最大水位降幅（3 日）均值为断面水位降速，石首站水位年最大水位降幅变化情况见表 6.13，所取水位降速见表 6.14。

表 6.13　石首站年最大水位降幅统计表　　　　　（单位：m）

时间	1 日	2 日	3 日
1991～2002 年	0.51	0.97	1.31
2003～2007 年	0.77	1.36	1.83
2008～2017 年	0.59	0.91	1.27

表 6.14　水位降幅统计表

典型断面	计算组次	地形断面年份	水位降幅/(m/3d)
北门口段 S6＋800 断面、调关段 526＋300 断面	1	2002	1.31
	2	2007	1.83
	3	2010	1.27
	4	2013	1.27
	5	2017	1.27

　　按汛期、汛后落水期（两个时期设置组次 1 及组次 2，分别以 7 月及 10 月为代表月份，典型断面起降水位为附近典型水文（位）测站月平均水位插值所得（表 6.15），计算典型险工段断面在稳定水位及水位降落工况下随着近岸河床发生冲淤变化断面所在岸坡的稳定性。

表 6.15　起降水位统计表　　　　　　　　　　（单位：m）

断面	组次 1（汛期）	组次 2（汛后落水期）
北门口段 S6+800 断面	35.41	30.94
调关段 526+300 断面	34.48	29.98

注：表中数值为 2008～2017 年平均值。

2. 三峡水库运行以来典型险工段岸坡稳定性变化

依据不同年份河岸的实际地形，计算 2002 年、2007 年、2010 年、2013 年与 2017 年各断面的岸坡稳定性系数，采用圆弧搜索的方式计算最不利滑动位置与安全系数，计算结果见表 6.16。

表 6.16　三峡水库运行以来典型险工段岸坡稳定性变化统计表

断面	年份	水位降幅/(m/3d)	断面坡比变化	组次 1（汛期）稳定系数	组次 2（汛后落水期）稳定系数
北门口段 S6+800 断面	2002	1.31	—	2.349	2.187
	2007	1.83	增大	1.413	1.412
	2010	1.27	减小	1.422	1.418
	2013	1.27	减小	1.544	1.533
	2017	1.27	增大	1.379	1.352
调关段 526+300 断面	2002	1.31	—	2.321	2.256
	2007	1.83	增大	2.158	2.019
	2010	1.27	增大	2.020	2.009
	2013	1.27	增大	2.195	2.005
	2017	1.27	减小	2.207	2.175

（1）三峡水库蓄水后各断面有冲有淤，但总体表现为冲刷，受断面冲刷影响，较蓄水前，蓄水后断面所在岸段岸坡稳定性总体减弱，如调关段 526+300 断面汛期（组次 1）岸坡稳定系数由 2002 年的 2.321 降至 2007 年的 2.158，以及 2017 年的 2.207。

（2）在近岸河床冲淤及水位变动条件下，岸坡稳定性受两者共同影响，岸坡变陡和水位降幅增大都是岸坡稳定的不利因素，如北门口段 S6+800 断面汛后落水期（组次 2），2002～2007 年岸坡变陡，水位降幅增加，在两者的共同作用下岸坡稳定系数由 2.187 降至 2007 年的 1.412；2007～2010 年河床淤积，岸坡变缓，水位降幅减小，岸坡稳定系数稍有增大；2010～2013 年河床底部发生淤积，岸坡变缓，水位降幅不变，岸坡稳定性增大，岸坡稳定系数由 1.418 增至 1.533；2013～2017 年，断面中下部发生局部冲刷，岸坡稳定系数由 1.533 减至 1.352。

6.3　新水沙条件下典型险工段岸坡稳定性变化趋势

本节将在荆江河段水位变化及河道冲淤变化预测成果基础上，预测分析新水沙条件下典型险工段岸坡稳定性变化趋势。

6.3.1　典型断面选择

考虑到荆江河道河型多变，河道特性极其复杂，为有针对性地开展不同河型岸坡稳定性变化趋势研究，本书选取三个典型河段：沙市河段（顺直过渡段＋弯曲分汊河段）、石首河段（顺直＋分汊＋弯曲型河段）、熊家洲至城陵矶河段（蜿蜒型河段）。根据前期研究成果，结合以往崩岸资料，选择沙市河段、石首河段、熊家洲至城陵矶河段的 5 个断面（荆 32 断面、荆 45 断面、荆 96 断面、荆 179 断面、荆 181 断面，断面位置见图 6.36）作为典型断面进行岸坡稳定性变化趋势研究，各断面基本情况见表 6.17。

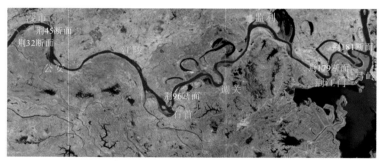

图 6.36　典型断面位置示意图

表 6.17　典型断面统计表

河段	断面	所处位置	岸别	所属凸/凹岸
沙市河段	荆 32 断面	腊林洲上段	右岸	顺直段
	荆 45 断面	谷码头—观音矶	左岸	凹岸
石首河段	荆 96 断面	北门口	右岸	凹岸
熊家洲至城陵矶河段	荆 179 断面	八姓洲西侧	左岸	凸岸
	荆 181 断面	七弓岭	右岸	凹岸

结合工程区土层室内试验与工程类比，给出各段典型断面岸坡土体材料的物理力学参数见表 6.18，其中岸坡土体基本接近饱和，将容重试验结果视为饱和容重，抗剪强度取有效抗剪强度参数。

表 6.18　各段典型断面岸坡土体材料的物理力学参数

典型断面	土层	饱和重度/(kN/m³)	渗透系数/(cm/s)	抗剪强度	
				内摩擦角 φ'/(°)	凝聚力 c'/kPa
荆 32 断面	粉质黏土	18.60	1.2×10^{-6}	23.2	22.4
	粉质壤土	19.10	1.5×10^{-5}	26	20.1
	粉细砂	17.80	2.3×10^{-3}	30	0
荆 45 断面	砂壤土	19.00	4.1×10^{-4}	18	5
	粉质黏土	18.60	1.2×10^{-6}	10	14
	粉质壤土	19.10	1.5×10^{-5}	11.2	13
	粉细砂	17.80	2.3×10^{-3}	28	0
荆 96 断面	粉质黏土	17.48	1.1×10^{-6}	12	15
	粉质壤土	19.21	1.2×10^{-5}	18	12
	粉细砂	19.96	2.5×10^{-3}	28	4
荆 179 断面	粉质黏土	18.44	1.1×10^{-6}	10	16
	砂壤土	20.70	2.2×10^{-5}	20	10
	粉细砂	18.95	2.3×10^{-3}	28	2
荆 181 断面	粉质黏土	18.44	1.1×10^{-6}	10	16
	粉质壤土	19.36	1.2×10^{-5}	22	14
	粉细砂	18.95	2×10^{-3}	28	2

6.3.2　水位变化及河道冲淤变化趋势预测成果

1. 长江中下游水位变化预测

长江中下游水位变化预测成果采用"三峡水库科学调度关键技术研究"第二阶段项目课题二专题一"三峡水库及上游区间产沙和三库联合优化调度条件下三峡水库及坝下游泥沙冲淤研究"的研究成果。该专题采用一维水沙数学模型预测了长江中下游水沙情势变化，模型考虑长江上游干支流的梨园水库、阿海水库、金安桥水库、龙开口水库、鲁地拉水库、观音岩水库、乌东德水库、白鹤滩水库、溪洛渡水库、向家坝水库、三峡水库，支流雅砻江的二滩水库、锦屏一级水库，支流岷江的紫坪铺水库、瀑布沟水库，支流乌江的引子渡水库、洪家渡水库、东风水库、索风营水库、乌江渡水库、构皮滩水库、思林水库、沙沱水库、彭水水库、银盘水库，嘉陵江的亭子口水库、宝珠寺水库、草街水库 28 座拦沙作用较为明显的控制性水库的拦蓄作用，模拟分析了长江中下游宜昌至大通河段的来水来沙过程。

在 1991～2000 年水沙系列基础上，预测得到 2017～2032 年三峡水库出库年径流量和输沙量。研究结果表明，随着长江上游控制型水库的联合运用，长江中下游年均来沙量大幅减少，含沙量也明显减少，出库泥沙级配变细，2017～2032 年三峡水库预测出库年径流量约为 4 300 m³/s，输沙量约为 2 200 万 t，径流量比蓄水后实测的 2003～2016 年偏大 7%，输沙量比蓄水后实测的 2003～2016 年偏小 42%。

根据该专题预测的宜昌站每日流量，结合宜昌站水位-流量关系，得到宜昌站逐日水位预测变化值。

2. 长江中下游河道冲淤趋势预测

河道冲淤趋势预测成果采用《三峡后续工作总体规划》长江中下游重点河段河势及岸坡影响处理相关研究专题二"三峡工程运用后重点河段河势变化及治理对策研究"（下称"专题"）中的数学模型计算成果和物理模型试验成果。

1）长江中下游总体冲淤预测成果

该专题在 1991～2000 年水沙系列基础上，考虑干流的梨园水库、阿海水库、金安桥水库、龙开口水库、鲁地拉水库、观音岩水库、乌东德水库、白鹤滩水库、溪洛渡水库、向家坝水库、三峡水库，支流雅砻江的二滩水库、锦屏一级水库，支流岷江的紫坪铺水库、瀑布沟水库，支流乌江的引子渡水库、洪家渡水库、东风水库、索风营水库、乌江渡水库、构皮滩水库、思林水库、沙沱水库、彭水水库、银盘水库，嘉陵江的亭子口水库、宝珠寺水库、草街水库 28 座拦沙作用较为明显的控制性水库建成后的拦蓄作用，模拟分析了长江中下游宜昌至大通河段 2017～2032 年的河道冲淤变化，预测成果如下。

2017 年至水库群联合运行的 2032 年末，长江干流宜昌至大通河段悬移质累计总冲刷量为 20.91 亿 m³，其中宜昌至城陵矶河段冲刷量为 7.67 亿 m³，城陵矶至汉口河段冲刷量为 6.58 亿 m³，汉口至大通河段冲刷量为 6.66 亿 m³（表 6.19）。由于宜昌至大通河段跨越不同地貌单元，河床组成各异，各段在三峡水库运行后呈现不同程度的冲淤变化。

表 6.19　宜昌至大通河段分段悬移质累积冲淤量　（单位：亿 m³）

河段	2003～2012 年实测值	2013～2016 年实测值	2017～2022 年预测值	2023～2032 年预测值
宜昌至枝城河段	-1.46	-0.18	-0.25	-0.12
枝城至藕池口河段	-3.31	-2.24	-1.77	-1.26
藕池口至城陵矶河段	-2.90	-0.81	-2.16	-2.11
城陵矶至汉口河段	-1.26	-3.50	-3.21	-3.37
汉口至湖口河段	-2.79	-2.31	-2.84	-2.55
湖口至大通河段	—	—	-0.55	-0.72
宜昌至大通河段			-10.78	-10.13
宜昌至湖口河段	-11.71	-9.07	-10.23	-9.41

注：表中负值表示冲刷量。

2）典型断面冲淤变化预测

本书采用动床模型试验预测了沙市河段、熊家洲至城陵矶河段河道冲淤变化及趋势。试验初始地形采用 2016 年 10 月天然实测 1/10 000 水道地形图，施放 2017 年 1 月 1 日～2032 年 12 月 31 日水沙系列条件，对应的 90 系列水沙过程从 1996 年 1 月 1 日～2000 年 12 月 31 日和 1991 年 1 月 1 日～2000 年 12 月 31 日（至 2000 年 12 月 31 日后转为 1991 年 1 月 1 日循环），径流过程综合考虑上游干支流水库建库调蓄的影响。典型断面冲淤变化预测结果如下。

荆 32 断面位于沙市河段腊林洲上段，断面形态为 W 形，2016～2032 年断面以冲刷为主，左右槽河床均较大幅度冲刷下切，其中，右槽河床整体冲刷下切，最大冲刷深度达 8 m，左槽深槽冲刷拓宽并冲刷下切[图 6.37（a）]。左侧滩体高程大幅冲刷降低。该段主流贴岸，河流侧蚀作用较强，岸坡稳定性较差。因此，选择断面右岸进行稳定计算，右岸土层上部为砂壤土，厚约为 5.1 m；中部为粉质黏土，厚约为 8.4 m；下部为砂壤土及粉细砂，水下岸坡坡度为 25°～30°，近岸河床略起伏，2016～2032 年水上岸坡变化不大。

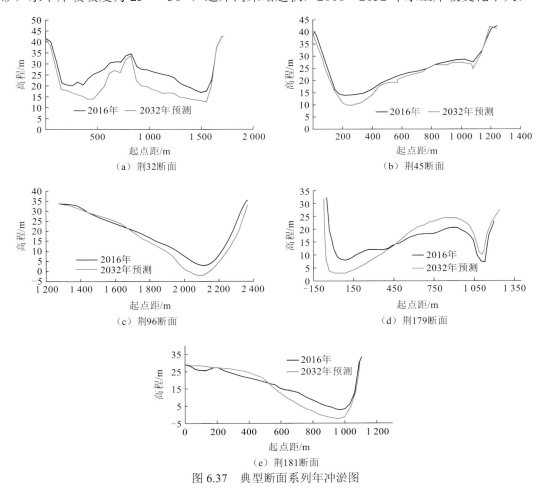

图 6.37　典型断面系列年冲淤图

荆 45 断面位于沙市河段下段三八滩汊道与金城洲汊道之间的过渡段，断面呈不规则 U 形，主河槽位于断面左侧，2016～2032 年断面以冲刷为主[图 6.37（b）]。预测至 2032 年，左槽整体冲刷下切，最低高程由 2016 年的 14.2 m 降至 2032 年的 9.8 m，冲刷深度约为 4.4 m，左岸边坡变缓，右岸边坡变陡。断面左岸为沙市城区，为历史险段，2003 年 2 月下旬及 2004 年 3 月上旬发生不同程度的险情。该段左岸岸坡较陡，受三八滩分流影响，江水对岸坡侧蚀作用强烈，对岸坡稳定构成隐患，综合分析该段岸坡稳定性较差，选择断面左岸进行稳定计算，岸坡为双层结构，上部为粉质黏土，局部夹砂壤土薄层，下部为粉细砂。

荆 96 断面位于石首河段北门口，断面呈 V 形，2016～2032 年，断面左岸淤积，右边以冲刷为主[图 6.37（c）]。预测至 2032 年，河槽整体冲刷下切，左岸边坡变缓，右岸边坡变陡。该段地处河流凹岸，属迎流顶冲段，右岸深泓逼岸，江水冲刷作用强烈，岸坡崩塌，后退剧烈。因此，选择断面右岸进行稳定计算，土体为双层结构，上部为粉质黏土，下部为粉细砂，抗冲刷能力差。

荆 179 断面位于七弓岭弯道的上游段，20 世纪 90 年代，深槽居于河道右侧，断面形态为偏 V 形，2016～2032 年，断面整体左冲右淤[图 6.37（d）]。三峡水库蓄水运行以来，主流逐渐左摆，左右槽均有所冲刷下切且左槽发展大于右槽。2008 年以来，主流出熊家洲弯道后不再向右岸过渡，改为直接在七弓岭弯顶处向右岸过渡，七弓岭弯道上段凸岸边滩发生冲刷下切，形成深槽，与原凹岸深槽形成双槽格局，而原凹岸深槽逐渐淤积萎缩，断面形态转变为 W 形。预测至 2032 年，右槽逐渐淤积萎缩，左侧冲刷和向右展宽，断面中部有所淤高，仍然维持双槽分流的格局，断面宽深比变化不大。断面左岸位于八姓洲西侧，岸线持续冲刷后退，此次计算断面左岸稳定性，所处岸坡为双层结构，上部为粉质壤土及淤泥质粉质壤土，下部为砂壤土及中粗砂，抗冲蚀能力弱，岸坡稳定性差。

荆 181 断面位于七弓岭弯道下段，断面形态为偏 V 形，深槽紧靠右岸，2016～2032 年，断面左淤右冲[图 6.37（e）]。三峡水库蓄水运行以来，受长江上游河势变化影响，水流出七弓岭弯道后主流贴岸距离加长，该断面下游右岸发生崩塌，岸线后退，深槽右移约 50 m。预测至 2032 年，断面深槽左侧岸坡略有冲刷，断面过水面积略有增大，断面形态基本不变。该断面右岸未有防护，2004 年 7 月～2015 年 12 月，岸线多有明显崩退，岸坡稳定性差，此次计算右岸稳定性，岸坡为多层结构，上部主要为粉质壤土及淤泥质粉质黏土，下部为砂壤土及粉质壤土。

6.3.3　计算工况

为比较分析 2016 年及 2032 年岸坡稳定性变化，本次计算断面分别取自 2016 年实测地形及 2032 年预测地形，并相应地使用断面附近站点实测年最大水位降幅（下降 3 日，下同）及预测最大水位降幅为水位变动条件（表 6.20），取 10 月平均水位为起降水位（表 6.21），计算分析断面在稳定水位及水位降落工况下岸坡稳定性变化趋势。

表 6.20　断面水位降幅统计表　　　　　　（单位：m/3d）

河段	断面	年份	降幅
沙市河段	荆 32 断面（右岸）、荆 45 断面（左岸）	2016	2.61
		2032	3.18
石首河段	荆 96 断面（右岸）	2016	1.27
		2032	1.20
熊家洲至城陵矶河段	荆 179 断面（左岸）、荆 181 断面（右岸）	2016	1.21
		2032	1.17

表 6.21　起降水位统计表 （单位：m）

断面	起降水位
荆 32 断面	35.31
荆 45 断面	34.77
荆 96 断面	31.36
荆 179 断面	25.73
荆 181 断面	25.37

6.3.4　岸坡稳定性变化趋势计算结果

采用圆弧搜索的方式计算最不利滑动位置与安全系数，计算 2016 年与 2032 年各典型断面岸坡稳定性，结果见表 6.22。

表 6.22　新水沙条件下典型险工段岸坡稳定性变化统计表

断面	年份	稳定系数	
		水位稳定工况	水位降落工况
荆 32 断面	2016	1.555	1.294
	2032	1.372	1.265
荆 45 断面	2016	1.627	1.386
	2032	1.630	1.342
荆 96 断面	2016	2.806	2.620
	2032	2.403	2.201
荆 179 断面	2016	1.469	1.429
	2032	1.366	1.319
荆 181 断面	2016	1.141	1.107
	2032	1.083	1.049

（1）由于所研究的险工段基本都进行了岸坡防护，新水沙条件下各险工段断面岸坡稳定性总体较好。

（2）相较水位稳定工况，水位降落工况下同一断面岸坡稳定性系数降低。如石首河段荆 96 断面，2016 年实测地形条件在水位稳定工况、水位降落工况下岸坡稳定系数分别为2.806、2.620，2032 年预测地形条件在水位稳定工况、水位降落工况下岸坡稳定系数分别为 2.403、2.201；沙市河段荆 45 断面，2016 年实测地形条件在水位稳定工况、水位降落工况下岸坡稳定系数分别为 1.627、1.386，2032 年预测地形条件在水位稳定工况、水位降落工况下岸坡稳定系数分别为 1.630、1.342。

（3）近岸河床冲刷不利于岸坡稳定。预测至 2032 年部分断面近岸河床发生冲刷，相应的岸坡稳定系数降低，如沙市河段荆 32 断面在水位降落工况下，2016 年岸坡稳定系数为1.294，至 2032 年岸坡稳定系数降为 1.265。

（4）熊家洲至城陵矶河段荆 181 断面由于地质条件较差，岸坡稳定性较差。2016 年在水位稳定工况及水位降落工况下岸坡稳定系数分别为 1.141、1.107，至 2032 年，近岸河床发生冲刷下切，岸坡稳定性进一步降低，水位稳定工况及水位降落工况下岸坡稳定系数分别降至 1.083、1.049，建议提前加强守护。

参考文献

蔡其华, 2009. 长江水利发展战略[J]. 人民长江, 40(9): 4-6, 105.

陈祖煜, 孙玉生, 2000. 长江堤防崩岸机理和工程措施探讨[J]. 中国水利(2): 4, 28-29.

邓珊珊, 夏军强, 李洁, 等, 2015. 河道内水位变化对上荆江河段岸坡稳定性影响分析[J]. 水利学报, 46(7): 844-852.

韩其为, 2004. 黄河下游输沙及冲淤的若干规律[J]. 泥沙研究(3): 1-13.

吉祖稳, 胡春宏, 阎颐, 等, 1994. 多沙河流造床流量研究[J]. 水科学进展, 5(3): 229-234.

金腊华, 王南海, 傅琼华, 1998. 长江马湖堤崩岸形态及影响因素的初步分析[J]. 泥沙研究(2): 67-71.

金腊华, 石秀清, 王南海, 2001. 长江大堤窝崩机理与控制措施研究[J]. 泥沙研究(1): 38-43.

卢金友, 等, 2020. 长江中下游河道整治理论与技术[M]. 北京: 科学出版社.

卢金友, 朱勇辉, 岳红艳, 等, 2017. 长江中下游崩岸治理与河道整治技术[J]. 水利水电快报, 38(11): 6-14.

吕庆标, 朱勇辉, 谢亚光, 等, 2021. 河道崩岸机理研究进展[J]. 长江科学院院报, 38(9): 7-13.

马卡维耶夫, 1957. 造床流量[J]. 泥沙研究, 2(2): 40-43.

潘庆燊, 胡向阳, 2011. 长江中下游河道整治研究[M]. 北京: 中国水利水电出版社.

钱宁, 张仁, 周志德, 1987. 河床演变学[M]. 北京: 科学出版社.

孙东坡, 王勤香, 王鹏涛, 等, 2013. 基于水沙关系系数法确定黄河下游造床流量[J]. 水力发电学报, 32(1): 150-155.

王永, 1999. 长江安徽段崩岸原因及治理措施分析[J]. 人民长江, 30(10): 19-20.

吴钰, 2018. 河道砂土岸坡的稳定性影响因素及其破坏类型分析[J]. 绿色科技(10): 23-24.

吴玉华, 苏爱军, 崔政权, 等, 1997. 江西省彭泽县马湖堤崩岸原因分析[J]. 人民长江, 28(4): 27-30.

许全喜, 2013. 三峡工程蓄水运用前后长江中下游干流河道冲淤规律研究[J]. 水力发电学报, 32(2): 146-154.

余文畴, 卢金友, 2005. 长江河道演变与治理[M]. 北京: 中国水利水电出版社.

余文畴, 卢金友, 2008. 长江河道崩岸与护岸[M]. 北京: 中国水利水电出版社.

张红武, 张清, 江恩惠, 1994. 黄河下游河道造床流量的计算方法[J]. 泥沙研究(4): 50-55.

张书农, 华国祥, 1998. 河流动力学[M]. 北京: 水利电力出版社.

张幸农, 蒋传丰, 陈长英, 等, 2009. 江河崩岸的影响因素分析[J]. 河海大学学报(自然科学版), 37(1): 36-40.

GRISSINGER E H, 1982. Bank erosion of cohesive materials[A]. HEY R D, BATHURST J C, THORNE C R. Gravel-bed Rivers.Chichester: John Wiley & Sons: 273-287.

LEOPOLD L B, WOLMAN M G, MILLER J P, 1964. Fluvial Processes in Geomorphology[M]. New York: W. H. Freeman and Company.

OSMAN A H, THORNE C R, 1988. Riverbank stability analysis. I: theory[J]. Journal of hydraulic engineering, 114(2): 134-150.

PICKUP G, WARNER R F, 1976. Effects of hydrologic regime on magnitude and frequency of dominant discharge[J]. Journal of hydrology, 29(1/2): 51-75.

XIA J Q, ZONG Q, ZHANG Y, 2014. Recent adjustment in reach-scale bankfull channel geometry of the Jingjiang reach owing to human activities[J]. Science China technological sciences, 57(8): 1490-1499.